Carolin Lüdemann

Schlagfertigkeit für Frauen

Schnell, angemessen und intelligent kontern

Unter Mitarbeit von Lydia Wismeth

REDLINE | VERLAG

Bibliografische Information der Deutschen Nationalbibliothek
Die Deutsche Nationalbibliothek verzeichnet diese Publikation in der Deutschen Nationalbibliografie. Detaillierte bibliografische Daten sind im Internet über http://dnb.d-nb.de abrufbar.

ISBN 978-3-86881-018-9

Redaktion: Leonie Zimmermann
Lektorat: Monika Schuch, Rosenheim
Umschlaggestaltung: Weiss Werkstatt München
Umschlagabbildung: plainpicture – fancy
Satz: Jürgen Echter, Landsberg am Lech
Printed in Germany

Inhaltsverzeichnis

Anmerkung

Um das Arbeiten mit diesem Buch für Sie möglichst einfach und effizient zu gestalten, haben wir wichtige Textpassagen mit folgenden Icons gekennzeichnet:

Achtung, wichtig

To do — Aufgabe, Übung

STOP — Das sollten Sie auf jeden Fall vermeiden.

z.B. — Beispiel

Tipp — Tipp

Danke

Wer glaubt, dass man Schlagfertigkeit nicht erlernen kann, dem darf ich zum Glück energisch widersprechen. Ich muss es wissen, denn ich habe es selbst erfolgreich ausprobiert. Daher möchte ich die Gelegenheit nicht versäumen, mich bei all den Menschen zu bedanken, die mich gelehrt haben, gekonnt zu kontern. Ich danke euch für all die spitzen Bemerkungen, eure doofen Sprüche, eure (Blondinen-)Witze, euren Spaß auf anderer Leute Kosten, eure Plattitüden, eure verbalen Wagnisse und dass ihr mich habt zuhören lassen. »Reden ist Silber, Schweigen ist Gold«, sagt der Volksmund und wie so oft weiß man im Nachhinein: Hättet ihr mal lieber auf ihn gehört ...

Vorwort

Schlagfertigkeit ist die schnellste Bestätigung des Selbstgefühls.
Hans Arndt, 1909–1995, dt. Aphoristiker und Schriftsteller

Als George Bernard Shaws Stück »Candida« 1935 in New York neu aufgeführt wurde, übermittelte er der Titelheldin und Schauspielerin Cornelia Skinner per Telegramm: »Ausgezeichnet, unübertrefflich.« Vom Lob überwältigt kabelte Miss Skinner zurück: »Lob unverdient.« Daraufhin antwortete Shaw: »Ich meinte das Stück.« Im Folgenden reagierte Miss Skinner: »Ich ebenfalls.«
Was für ein Wortwechsel – unglaublich. Welch ein Spaß wäre es, Zeuge eines solch spannenden Wortgefechts zu werden. Oder noch besser: selbst einer der Protagonisten zu sein. Doch Hand aufs Herz: Die Realität sieht anders aus. Zum einen liefert der Gegner keine so schöne Vorlage wie George Bernard Shaw – und selbst wenn, fällt den wenigsten Frauen (und Männern!) ein solch geistreicher und zugleich amüsanter Konter ein. Das ist jedoch keineswegs ein Grund, nun die Flinte ins Korn zu werfen. Im Gegenteil. Es ist allerhöchste Zeit, sich nicht mehr vorführen zu lassen, sondern die Gegenwehr einzuleiten. Zum Beispiel indem Sie sich mit dem Thema Schlagfertigkeit auseinandersetzen. Brillant zu parieren ist kein kompliziertes Meisterwerk, sondern leichter und zugleich überzeugender in die Tat umzusetzen, als Sie vielleicht zu hoffen wagen. Und wenn Sie Ihr Gegenüber dann ein paar Mal in seine Schranken verwiesen haben, brauchen Sie (leider) keine Schlagfertigkeit mehr. Das ist dann irgendwie die schlechte Nachricht. Jeder Angreifer sucht sich gezielt ein leichtes und berechenbares Opfer aus. Sind Sie das nicht, müssen Sie die fiesen Attacken bald mit der Lupe suchen, um beim gekonnten Kontern ja nicht aus der Übung zu kommen. Aber ich schätze, das wäre für Sie auch in

Ordnung, oder? In diesem Sinne viel Vergnügen bei der Lektüre, zahlreiche Aha-Momente und noch viel mehr durchschlagende Erfolgserlebnisse im wahren Leben!

Ihre Carolin Lüdemann

Einleitung

Stöcke und Steine können mir die Knochen brechen, aber Wörter können mich nicht verletzen.
Englisches Sprichwort

Die Sprüche sind so kunterbunt wie die Menschen selbst. Der eine poltert: »Na, heute im Bademantel unterwegs?«, der andere feixt: »Wahnsinnshaarfarbe. Schon den Friseur verklagt?« Sie alle haben gemeinsam, dass wir uns (sowohl über die Bemerkung als auch über den Sprücheklopfer) ärgern, uns unwohl fühlen und der Tag irgendwie schon so gut wie gelaufen ist. Es sei denn … wir schlagen zurück! Statt uns zu rechtfertigen, zu erklären, zu stottern, rot anzulaufen und uns ein Mauseloch zu wünschen, haben wir auf so einen Spruch regelrecht gewartet, um den anderen dank unseres schlagfertigen Konters das Fürchten zu lehren. Endlich! Statt sich davonzuschleichen, kann frau nun erhobenen Hauptes von dannen ziehen.

Doch was bedeutet »zurückzuschlagen«? Geht es darum, den anderen möglichst schnell mundtot zu machen, ihn verbal in den Boden zu rammen, sodass er sich nie wieder traut, sich im Ton zu vergreifen oder den falschen Kommentar zu wählen? Das kommt darauf an. Viele meiner Teilnehmerinnen mit Schlagfertigkeitsbedarf im beruflichen Kontext winken erschrocken ab, wenn ich ihnen diese Frage stelle. Natürlich empfiehlt es sich nicht, den Chef anzuraunzen oder den Kunden vor den Kopf zu stoßen, das liegt auf der Hand. Trotzdem will, muss und sollte man sich nicht alles unkommentiert bieten lassen und dem Gegenüber seine Grenzen aufzeigen. Teilnehmerinnen mit Schlagfertigkeitsdefiziten im privaten Umfeld sind da durchaus mutiger: Es sei doch egal, wenn man einem Wildfremden gegenüber mal so richtig pariert, auch wenn die Antwort keinesfalls höflich ist und schon fast unterhalb der Gürtellinie liegt. Schließlich sieht man sich nur selten zweimal im Leben. Und vergessen wir nicht: Der andere hat das Ganze ja herausgefordert. Hätte er sich eben eine andere für seinen dämlichen Spruch aussuchen sollen.

Vorsicht ist die Mutter der Porzellankiste: Es sei zum einen dahingestellt, ob man sich wirklich nicht zweimal im Leben sieht. Ausnahmen bestätigen bekanntlich die Regel. Zum anderen bin ich der Meinung, dass frau besser nicht zur Konfliktverschärfung beitragen sollte, indem sie, gerade gegenüber Fremden, verbal aus dem Vollen schöpft. Sie wissen schließlich nie, wer da vor Ihnen steht und wie diese Person reagiert. Wenn den Menschen die Worte fehlen, werden sie manchmal handgreiflich. Nicht zuletzt deshalb plädiere ich dafür, eine Konfliktsituation mit Worten zu entschärfen und zugleich deutlich zu machen, dass frau sich das Gesagte nicht bieten lässt.

Infolgedessen halte ich nicht sonderlich viel davon, wenn behauptet wird, Schlagfertigkeit sei keine nette Sache und erst recht nicht höflich. Das sehe ich nicht so. Um mit der Kommunikationstrainerin Barbara Berckhan zu sprechen: »Schlagfertigkeit ist wie Judo.« Es kommt darauf an, ohne viel Anstrengung den Gegner ins Leere laufen zu lassen oder ihn mit einem raffinierten und intelligenten Griff schachmatt zu setzen – ohne dass im Anschluss eine hitzige Diskussion entbrennt, in der Sie sich womöglich auf das (niedrige) Niveau des Gegenübers herablassen. Alle Konterstrategien in diesem Buch sind daher jederzeit und bei jedermann einsetzbar, ganz gleich, ob es sich um Ihren Vorgesetzten, den Sie gewöhnlich mit Samthandschuhen anfassen, oder um einen unbekannten Sprücheklopfer handelt. Die Strategien basieren immer auf dem Gedanken der Reaktion und nicht der Aktion: Sie können und sollen mit den hier vorgestellten Retourkutschen keinen Angriff starten, sondern »nur« sich selbst verteidigen. Und zwar stilvoll und vor allem mit jeder Menge Spaß.

1 Was ist Schlagfertigkeit?

Worte, Worte, nichts als Worte.
William Shakespeare in »Troilus und Cressida«

Schlagfertig zu sein bedeutet, schnell auf unangenehme und unvorhergesehene Situationen zu reagieren. Tatsächlich ist das Wort »Schlagfertigkeit« dem Militärjargon entliehen und bezeichnet die sofortige Einsatzbereitschaft einer Truppe. Erst im 19. Jahrhundert bekam der Begriff »Schlagfertigkeit« die Bedeutung »um keine Antwort verlegen zu sein«. Schon allein die Tatsache, dass die Formulierung aus dem militärischen Sprachgebrauch stammt, zeigt, dass es sich nach allgemeiner Auffassung um eine anscheinend kriegerische Konfrontation handelt, wenn Schlagfertigkeit zur Anwendung kommt. Schlagfertigkeit wird in der französischen Sprache übrigens mit der eleganten Formulierung »les mots d'escalier« ausgedrückt: Die passenden Worte fallen Ihnen erst »auf der Treppe« ein, wenn Sie den Schauplatz des Geschehens schon wieder verlassen haben und es für eine pfiffige Erwiderung zu spät ist. Wie ärgerlich! Nur ein paar Sekunden früher und Sie hätten dem Gegenüber mal ordentlich die Meinung sagen oder ihm zumindest eine passende Erwiderung an den Kopf werfen können.

Die passenden Worte »auf der Treppe«

Statt des anderen sind Sie es nun, die sprachlos zurückgelassen wird. Jetzt trösten Sie sich damit, in Gedanken mit sprachlich ausgefeilten Erwiderungen auf Rachefeldzug zu gehen. Es liegt jedoch in der Natur der Sache, dass Ihr Gesprächspartner, dem diese Antworten eigentlich gelten sollten, sich schon längst wieder anderen Dingen widmet. Vermutlich hat er die für seine Begriffe erfolgreich beendete Diskussion bereits wieder vergessen – Sie dagegen tragen sie in Gedanken immer noch mit sich herum und ärgern sich über Ihre verpasste Chance.

Die Frage, wann Schlagfertigkeit gebraucht wird, ist eindeutig zu beantworten: immer dann, wenn Sie unangemessen angesprochen oder attackiert werden. Aber wer entscheidet eigentlich, wann ein verbaler Angriff vorliegt? Ist es Ihr Gesprächspartner, der Sie mit einer dummen Bemerkung auf die Palme bringt? Oder sind es die Umstehenden, die erschrocken die Luft anhalten und Ihre Reaktion gespannt abwarten? Ich hoffe, dass es weder der eine noch der andere ist, der Sie in Rage bringen kann. Ich hoffe das deshalb, weil Sie keinem Ihrer Mitmenschen so viel Macht über sich geben sollten, dass er Sie nach Belieben steuern kann: Sei es, indem er Sie aus der Fassung bringt – oder Ihnen mit positiven Bemerkungen ein gutes Gefühl geben kann. Letzten Endes sind Sie diejenige, die alleinige Macht über Ihre Gefühlswelt haben sollte. Sie selbst können steuern, ob Sie sich angegriffen fühlen und wie Sie reagieren wollen.

Die Macht der Worte

Selbstgespräch – der innere Dialog

Worte haben eine große Macht. Worte können bewirken, dass wir uns gut, stark, mutig, unbesiegbar, energiegeladen, akzeptiert, geliebt und optimistisch fühlen. Worte können aber auch dafür sorgen, dass wir uns klein, unakzeptiert, dumm oder kraftlos vorkommen. Worte können uns groß oder klein machen. Das gilt nicht nur für die Worte anderer Menschen, sondern auch für unsere eigenen. Jeder Mensch führt Selbstgespräche. Zwar finden diese Gespräche meist nicht laut statt – das würde auf eventuell Umstehende auch seltsam wirken –, aber stumm in unserem Inneren stehen wir ständig im Dialog mit uns selbst. Das Sprichwort »Achte auf deine Gedanken, denn sie sind der Anfang deiner Taten« hat hier absolute Berechtigung. Wenn Sie sich selbst nicht loben, antreiben, bestätigen und unterstützen, warum sollte es dann ein anderer tun? Sie können sich von anderen Menschen fernhalten, die Ihnen »dumm kommen«, aber eben nicht von sich selbst.

Wenn Sie einen Psychologen befragen, wie Sie sich gegenüber Menschen verhalten sollen, die Sie kleinreden, sich nicht über Ihre Erfolge freuen, Sie nicht unterstützen, sondern boykottieren und demontieren, so sagt der Experte: Gehen Sie dort weg, aber schnell! Lassen Sie den anderen hinter sich, brechen Sie den Kontakt ab und leben Sie unbeeinträchtigt weiter. Tja, so weit, so gut. Doch manchmal ist das leichter gesagt als getan. Was, wenn der missgünstige Mensch Ihr Vorgesetzter oder Ihr Kollege oder gar ein Familienmitglied ist? In den meisten Fällen müssen Sie dem Betreffenden nicht den Rücken kehren, denn zum Glück gibt es zahlreiche Methoden, um Sprücheklopfer auf andere Art und Weise in ihre Schranken zu weisen. Es sind Methoden, die nicht nur darauf beruhen, dem anderen einen superschlauen Spruch zurückzuschicken, sondern auch darauf, dass Sie sich ein dickeres Fell oder eine Art Schutzweste zulegen, damit freche Bemerkungen in Zukunft an Ihnen abprallen. Dank der neuen Ritterrüstung wissen Sie, dass Sie nicht mehr so leicht zu verletzen und zu treffen sind. In der Folge wächst Ihre Selbstsicherheit auf rasante Art und Weise.

Das müssen Sie zuvor wissen: Verletzende Bemerkungen sind fast immer Kommentare, die sich auf der Beziehungsebene abspielen. Es sind Aussagen, die Sie emotionalisieren, wütend machen oder verletzen. Man könnte daher auch Killerphrasen zu ihnen sagen. Killerphrasen sind pauschale und abwertende Angriffe, die nicht an der Sache orientiert sind. Solche Killerphrasen können zu Gesprächseskalationen und zu Auseinandersetzungen führen, Menschen mundtot machen oder Unterhaltungen abrupt verstummen lassen.

Killerphrasen

Was die eine jedoch auf der vollen Breitseite trifft, entlockt der anderen nicht mal ein Schulterzucken. Ob eine solche Killerphrase Sie berührt, hängt also davon ab, in welcher momentanen Verfassung Sie sind und ob die Bemerkung womöglich einen wunden Punkt getroffen hat. Typische Killerphrasen sind:

- »Du siehst aber schlecht aus.« So eine Bemerkung lässt Sie relativ kalt, wenn Sie noch vor wenigen Minuten beim Blick in den Spiegel festgestellt haben, dass Sie der Inbegriff des blühenden Lebens sind. Haben Sie jedoch schlecht geschlafen oder Sorgen, dann trifft diese Bemerkung Ihren wunden Punkt und Sie befürchten, dass Ihnen die anderen sowohl Gedanken als auch Müdigkeit ansehen können.

- »Schade, von dir hatte ich ein ganz anderes Bild.« Dieser Satz klingt vorwurfsvoll und enttäuscht und kann Sie in Selbstzweifel stürzen.
- »Wenn du von diesem Projekt nicht die Finger lässt, dann wirst du mich kennenlernen.« Auch Drohungen sind Killerphrasen, denen frau unbedingt entgegentreten muss; nicht zuletzt, um Stärke zu demonstrieren und Wiederholungen zu unterbinden.

Als Killerphrasen bezeichnet man also Sätze, die Abwehr, Herabsetzung und Ablehnung zum Inhalt haben. Killerphrasen zielen nicht auf die Sache, sondern auf die Person ab und treffen mittels Pauschalierung emotional. Weitere Beispiele:

Giftpfeile

- »Eigentlich sollten Sie das wissen, aber das tut jetzt auch nichts zur Sache.«
- »Das haben wir schon immer so gemacht.«
- »Wir haben schon alles versucht, das geht nicht.«
- »Typisch Mann!« (Frau, Anfänger, Rentner usw.)
- »Sammeln Sie erst einmal ein bisschen Berufserfahrung.«
- »Meine Güte, jetzt seien Sie doch nicht so emotional!«
- »Das sollten Sie als Hochschulabgänger (emanzipierte Frau, erfolgreicher Vertriebler, weit gereister Kosmopolit usw.) eigentlich wissen.«
- »Das funktioniert in der Praxis nicht.«
- »Sie wissen doch nicht, wovon Sie gerade reden.«
- »Dazu fehlt Ihnen in Ihrem Alter die Erfahrung.«
- »Um das beurteilen zu können, fehlt Ihnen das Know-how!«
- »Du hast ja keine Ahnung.«
- »Sind Sie immer so empfindlich?«
- »Wenn Sie sich besser vorbereitet hätten, wüssten Sie, dass ...«

- »Du musst noch viel lernen.«
- »Das ist doch kein Grund, um rot zu werden.«
- »Na ja, da müssen Sie aber noch schwer an sich arbeiten.«

All diese Bemerkungen lenken vom eigentlichen Gesprächsthema ab und richten sich an die emotionale Seite des Gesprächspartners. Klassischerweise nehmen sie Bezug auf zwei Bereiche:

- Ihre Person: Erscheinungsbild, Emotionen, Kompetenzen, Werte, Weltanschauung, persönliche Eigenschaften. Zum Beispiel: »Du bist ja nicht bei Verstand.« »Ist das ein Rock oder geht das als Gürtel durch?«
- Gruppen, denen Sie angehören: Frau-Sein, Familie, Freunde, Partnerschaft, Beruf, berufliche Position, Unternehmen, Vereine usw. Zum Beispiel: »Sie haben von der Materie ja gar keine Ahnung.« »Ihr Rechtsverdreher habt ja nicht alle Tassen im Schrank.«

In der Folge lösen diese Killerphrasen Emotionen wie Hilflosigkeit, Betroffenheit, gedankliches Durcheinander, Schuld- oder Unterlegenheitsgefühle, Wut, Aggressionen oder Empörung aus.

Ziel des Giftpfeils: der wunde Punkt

Ein amerikanisches Sprichwort sagt: »You can't stop the waves, but you can learn to surf.« Frei interpretiert möchte ich diesen Satz folgendermaßen deuten: Fast jeder hat einen wunden Punkt. Je näher Sie Bemerkungen an sich heranlassen und je präziser diese Ihren wunden Punkt treffen, desto bessere Aussichten hat Ihr Gegenüber, Sie mit seinen Worten tatsächlich zu verletzen. Aktuelle Kränkungen sind nämlich meist mit früheren demütigenden Erfahrungen verbunden, die das Selbstwertgefühl beeinträchtigt haben. Sobald Sie den Wunsch haben, sich aufgrund einer fiesen Bemerkung zu rechtfertigen oder zu verteidigen, steht recht unzweifelhaft fest, dass der Angriff Sie getroffen hat.

Uralte Reaktionsmuster

Anfangs ist es nicht einfach, sich von solchen Angriffen zu distanzieren und sie auch noch elegant abzuwehren. Viele Teilnehmerinnen meiner Seminare berichten mir, dass sie fassungslos und vor allem sprachlos sind, wenn ihnen jemand eine unverschämte Bemerkung an den Kopf knallt. Oft fallen in diesem Zusammenhang dann Sätze wie:

Die berühmt-berüchtigte »Sprachlosigkeit«

- Ich war wie betäubt.
- Ich war schockiert.
- Ich fühlte mich gedemütigt.
- Wie rücksichtslos!
- Mir fiel rein gar nichts ein. Ich war sprachlos.
- Ich dachte, ich höre nicht richtig.

Das Spiel ist immer wieder das gleiche. Derjenige, der die freche Bemerkung losgelassen hat, macht sich schon längst wieder vom Acker und lässt sein Gegenüber sprachlos zurück. Manchmal neigen die Zurückgelassenen dann dazu, die Bemerkung deuten zu wollen: Warum hat er das jetzt gesagt? Was meint er damit? Habe ich etwas falsch gemacht? Grundsätzlich ist es eine gute Idee, zu hinterfragen und zu überlegen, ob man den anderen irgendwie vor den Kopf gestoßen und die Bemerkung unabsichtlich provoziert hat. Doch in Wahrheit sind unhöfliche Bemerkungen sehr oft das Ergebnis von einem »Sich-produzieren-Wollen« auf Kosten anderer. Manchmal sind die Sprüche sogar witzig gemeint, aber der amüsante Gedanke ist offensichtlich nicht optimal umgesetzt worden. Und ab und zu ist der andere einfach nur neidisch. Ein tieferer oder gar Ihnen wohlgesinnter Kern steckt nur sehr selten dahinter.
Doch warum bleiben wir stumm, wenn uns jemand »dumm kommt«? Diese Reaktion hat einen uralten Ursprung: Als unsere Vorfahren noch Jäger und Sammler waren, sahen sie sich auf ihrer Suche nach Nahrung und Feuerholz oft unerwarteten Gefahren

ausgesetzt. So konnte es passieren, dass sie plötzlich einem wilden Tier begegneten, das sie als Mittagessen auf den Speiseplan gesetzt hatte. In solchen Situationen standen die drei Optionen »Kampf, Flucht oder Paralyse« offen. Meist war die Paralyse, also das Verharren in Panik, nicht gerade Erfolg versprechend, um das Überleben zu sichern. Die beiden sichersten Varianten, sich möglichst schnell in Sicherheit zu bringen beziehungsweise zu überleben, bestanden in rasanter Flucht oder kraftvollem Kampf. In Windeseile setzte nun der Körper Adrenalin frei, um alle Energiereserven zu aktivieren. Adrenalin, auch Epinephrin genannt, wird grundsätzlich in Stresssituationen ausgeschüttet, erzeugt eine Steigerung der Herzfrequenz und einen Anstieg des Blutdrucks. Dadurch werden zwar beste Bedingungen erzeugt, um den Körper zu Höchstleistungen anzuspornen, um zu kämpfen oder sich schnell in Sicherheit zu bringen – allerdings mit einem heute lästigen, aber damals sinnvollen Nebeneffekt: Das bewusste Denken wird heruntergefahren. Denn wer erst lange überlegt, ob und wohin er rennen soll, hat schon viel wertvolle Zeit verloren und wird entweder schneller eingeholt oder von dieser Tatsache derart gelähmt, dass er in einer Paralyse, wie ein Kaninchen vor einer hungrigen Schlange, erstarrt und infolgedessen dem Tod geweiht ist.

Stress macht dumm

Bei einem verbalen Angriff besteht zwar in aller Regel keine körperliche Bedrohung – und doch: Die automatischen Reaktionen, die der Körper auf eine solch stressige Gefahrensituation hin zeigt, sind im Prinzip dieselben wie bei unseren Vorfahren. Darum macht Stress schlicht und ergreifend dumm. Denn aufgrund der Stresssituation reagiert unser Gehirn limitierend: Alle Denkfunktionen werden minimiert. Zwar haben wir viel Kraft in unseren Muskeln, aber leider sehr wenig kreative Geistesblitze. Eindeutig ein Nachteil, wenn frau auf der Suche nach einer pfiffigen Retourkutsche ist, und somit auch der Grund, warum wir stumm bleiben, wenn uns jemand »dumm kommt«. Als Reaktionsmuster führen weder körperliche Flucht, blutrünstiger Kampf noch Paralyse zum Erfolg; stattdessen geht es um den verbalen Schlagabtausch. Allenfalls lassen sich nun noch »kleine Fluchten« beobachten, indem frau aus dem Zimmer rennt, tüchtig mit den Türen knallt und so der unangenehmen Situation zu entkommen versucht. Einlenken, nachgeben, kapitulieren, resignieren, einknicken oder sich fügen gelten übrigens im weitesten Sinne ebenfalls als Fluchtreaktionen. Auch hier hat sich frau dagegen entschieden, den Kampf aufzunehmen, sondern versucht jetzt, sich auf andere Art und Weise »davonzumachen«. Für diese beiden Arten der Flucht bräuchten Sie jedoch keineswegs die Mengen an Adrenalin, die jetzt durch Ihre Adern schießen. Sie müssen auf Ihrem Rückzug keine so große körperliche Anstrengung erbringen, dass sie die vorhandenen Energiereserven abbauen könnte. Und so dauert es noch einige Zeit, bis sich Ihr Adrenalinspiegel wieder normalisiert. Das Ergebnis: Sie hängen gedanklich noch lange, von Herzrasen begleitet, der Auseinandersetzung nach. Als wäre das noch nicht genug: Ihnen fällt es außerdem schwer, sich auf andere Dinge zu konzentrieren, und Sie sind dank des unnötig angestauten Adrenalins in Ihrer Wahrnehmung eingeschränkt.

Rückzug = Harmonie

Einen Rückzug beziehungsweise kleine oder große Fluchten treten überwiegend harmoniebedürftige Menschen an. Sie berichten im Nachhinein davon, dass ihnen die »richtig guten Retourkutschen« erst Stunden später – wenn sich das Adrenalin sich wieder auf Normalmaß befindet – eingefallen sind. Leider zu spät, um den anderen damit noch zu beeindrucken. Diejenigen, die eher befürchten, in einer verbalen Auseinandersetzung »über das Ziel hinauszuschießen« und mit unangemessenen Worten um sich zu werfen, sind dagegen auf den »Kampf« programmiert. Ehe sie sich's versehen, beschimpfen sie ihren Gesprächspartner lautstark oder rammen ihn mit entsprechenden Worten »ungespitzt in den Boden«. Zwar bauen diese Menschen zügiger das Adrenalin ab, dafür wird ihnen ihre Überreaktion aber umso rascher deutlich und sie ahnen, dass sie gut daran täten, sich alsbald zu entschuldigen. Meiner Erfahrung nach ist es einfacher, den Fliehenden zu zeigen, wie sie ihre stumme Flucht überwinden können, und ihnen die passenden Konter zu vermitteln, als den Überreagierenden ihre »HB-Männchen-Mentalität« abzugewöhnen. Auf den ersten Blick mag das überraschend sein. Denn meist versuchen Frauen umso verzweifelter, eine Erwiderung zu finden, je öfter sie die Sprachlosigkeit schon erlebt haben. Das Gemeine daran ist, dass genau diese Sichtweise der garantiert beste Weg ist, die stumme Ohnmacht zu fördern. Warum das so ist, ist schnell und einfach erklärt: Sie befinden sich dank der unerwarteten fiesen Bemerkung des anderen ohnehin in einer Stresssituation. Es ist daher schwierig für Sie, zu kontern, weil das Adrenalin sich schon auf den Weg in Ihre Blutbahnen gemacht hat. Als wäre das nicht genug, erhöhen Sie selbst nun noch den Stress, indem Sie sich unter Druck setzen und von sich verlangen, sofort schlagfertig zu kontern. Das Ergebnis ist ein leerer und manchmal hochroter Kopf, ein schneller Pulsschlag, aber leider weit und breit keine raffinierte Erwiderung. Gründe dafür sind zu viel Stress und zu viel blockierendes Adrenalin.

Kühler Kopf oder heißes Herz?

Wo und wie auch immer bei Ihnen die Harmoniefalle zuschnappt; ein wichtiger Schritt zur Besserung ist, diesen ganzen Stress bewusst nicht zuzulassen. Sie entscheiden, was Sie an sich heranlassen und wie Sie reagieren. Erste Hilfe aus einer solchen Situation bieten die folgenden Tipps:

Tipp

Schnappen Sie nach Luft: Der Ausspruch hat durchaus seine Berechtigung. Meist halten wir nach einem Angriff nämlich vor lauter Schreck die Luft an. Atmen Sie tief ein und wieder aus – Ihr Gehirn braucht Sauerstoff, um klar zu denken und zur Ruhe zu kommen.

Nehmen Sie sich Zeit: Wer sagt, dass Sie sofort kontern müssen? Niemand! Im Normalfall ist Ihr Gesprächspartner so neugierig auf Ihre Reaktion, dass er auch ein paar Sekunden länger abwarten wird. Selbst wenn Ihnen gar nichts einfällt, können Sie immer noch sagen, dass Sie auf die Bemerkung übermorgen oder am nächsten Montag antworten werden. Damit hat der andere garantiert nicht gerechnet – und das Überraschungsmoment gehört Ihnen!

Warum kompliziert, wenn es auch einfach geht? Die fiese Bemerkung Ihres Gegenübers gehört ja nicht gerade zum guten Ton oder folgt fairen Spielregeln. Warum also wollen Sie sich mit der Antwort darauf so viel Mühe geben? Meist sind es der andere und seine Bemerkung gar nicht wert, dass Sie viel Zeit und Gedanken darauf verschwenden.

Stolperfalle Harmoniesucht

Trotz aller Emanzipation und Fortschrittsgedanken fühlen sich Frauen tendenziell stärker für ein harmonisches Miteinander verantwortlich als die männlichen Zeitgenossen. So wird zumeist Frauen ganz selbstverständlich die Aufgabe zuteil, Verabredungen zu treffen und dafür zu sorgen, dass die sozialen Kontakte zu Freunden und Familie gepflegt werden. Doch wie kommt es, dass man Frauen die Aufgabe zuschreibt, »Harmonie« zu wahren und infolgedessen kritische Diskussionen zu vermeiden?

Ursprünglich wird natürlich kein Mensch mit diesem Harmoniebedürfnis geboren. Als Säugling haben Sie noch lauthals geschrieen, wenn Sie Hunger hatten oder Ihnen sonst etwas nicht passte. Dabei war Ihnen herzlich egal, ob Ihre Mutter gerade mit Ihnen in der Straßenbahn fuhr und sich dank des kleinen Schreihalses den Unmut der anderen Fahrgäste zuzog. Auch Monate später, als Sie krabbeln lernten, dachten Sie noch nicht darüber nach, dass es Ihre Eltern in Unmut stürzen wird, wenn Sie die wunderschöne Bodenvase umwerfen und in tausend kleine Scherben verwandeln. Ihre Neugier war der entscheidende Antrieb. Auf Verluste jeder Art konnten Sie noch keine Rücksicht nehmen.

Wir sind »Opfer unserer Kindheit«

Erst Jahre später, als Sie »Gut« und »Böse« zu unterscheiden wussten und verstanden, dass bestimmte Handlungen Trauer, Wut, Enttäuschung auslösen können, begannen Sie langsam, aber sicher in die Harmoniefalle zu geraten. Ein Sprichwort sagt, dass wir alle

Emotionale Erpressung

»Opfer unserer Kindheit« sind. Insofern sind beispielsweise für Ihr heutiges Wertempfinden und für Ihre innere Einstellung die Kindheitserlebnisse von entscheidender Bedeutung. Je öfter Sie in Ihrer Kindheit die Worte »Da wird der Papa aber enttäuscht von dir sein« oder »Wenn du dein Zimmer nicht aufräumst, bin ich sehr böse mit dir« oder »Da bin ich jetzt aber ganz traurig, dass du das gemacht hast« gehört haben, umso stärker haben Ihre Eltern mit dem naheliegenden, da gut funktionierenden, Erziehungsinstrument der emotionalen Erpressung »gearbeitet«. Und da wären Sie in guter Gesellschaft: Bei den meisten Kindern gehören Scham, Angst, Unsicherheit, Hilflosigkeit und Schuldgefühle zu stetigen Begleitern.

Natürlich könnten Eltern auch sagen »Ich weiß, dass du keine Lust hast, jetzt mit dem Spielen aufzuhören. Bitte tu es trotzdem, weil wir jetzt los müssen. Der Papa wartet und freut sich schon auf uns« anstatt »Wenn du jetzt nicht mit dem Spielen aufhörst, dann kommen wir zu spät und der Papa wird böse auf uns sein, weil er schon so lange auf uns gewartet hat«. Aber das Letztere funktioniert nun einmal so bestechend gut und außerdem haben die meisten Eltern selbst keine andere Erziehung genossen und geben nun unbewusst weiter, was sie einst selbst gehört haben.

Problematisch wird das Ganze dann, wenn Kindern und Jugendlichen vermittelt wird, dass sie böse sind, sobald sie nicht tun, was man ihnen sagt. In Wirklichkeit gibt es kein allgemeingültiges »Gut« und »Böse«. Vielmehr wird das durch die Eltern, deren Umfeld sowie den moralischen, gesellschaftlichen oder religiösen Hintergrund so festgelegt. Nun begreift das clevere Kind rasch: »Oh, aufgepasst. Wenn ich jetzt nicht mit dem Spielen aufhöre, dann ist Papa böse mit mir, er schimpft, liest mir keine Gute-Nacht-Geschichte vor und mag mich (zumindest in diesem Moment) nicht mehr so gern.« Natürlich ist das so (hoffentlich) nicht richtig und die Liebe des Vaters wird nicht wirklich einen Sprung bekommen, aber dem Kind droht nach eigenem Dafürhalten ganz aktuell der »Liebesentzug«.

Tut schon weh, das zu lesen, oder? Aber mal Hand aufs Herz: Haben wir nicht alle schon einmal so etwas in Kindertagen erlebt? Und wenn es nicht die Eltern waren, dann haben Ihnen Ihre Spielkameraden irgendwann beigebracht, dass es unangenehme Konsequenzen haben könnte, wenn Sie nicht auf der Stelle Platz im Sandkasten machen. Vielleicht haben Sie eine Ihrer damaligen Freundinnen nicht mit Ihrem neuen Fahrrad fahren lassen und sind in der Folge nicht zu ihrer Geburtstagsfeier eingeladen worden? Wie auch immer, das nennt man den klassischen Liebesentzug!

Beliebtheit als Gradmesser für den »Wert«

Leider entwickelt sich aus diesem »Liebesentzug« schnell das Gefühl, nun weniger »wert« zu sein. Gerade Frauen berichten, dass ihre Beliebtheit bei ihren Mitmenschen für sie ein Gradmesser dafür ist, wie gut sie sind, und dass diese Beliebtheit direkten Einfluss auf ihr Selbstvertrauen und auf ihr Selbstbewusstsein hat. Damit gute Beziehungen entstehen und die Beliebtheit so gut wie garantiert ist, halten sich Frauen allzu gern an die Regeln: Sei nett! Gefalle den anderen! Sei nicht empfindlich! Sei attraktiv! Habe Verständnis! Wenn nun ein Gegenüber einen blöden Spruch loslässt, bringt das harmoniebedürftige Frauen in ernsthafte Schwierigkeiten: Denn wenn frau pariert, dann ist sie nicht nett, nicht rücksichtsvoll, zu empfindlich, nicht verständnisvoll und gefällt nicht. Noch dazu ist der Angriff des Gegenübers ein Angriff auf der Harmonieebene – und diese zu bewahren ist ja nun mal IHRE Aufgabe. Die Folge? Stumme Ohnmacht oder eine Erklärung, eine Rechtfertigung oder gar eine Entschuldigung, die gar nicht notwendig gewesen wären. Diese harmonieerhaltenden Reaktionen sind insbesondere dann stark ausgeprägt, wenn man als Kind im Elternhaus selten Diskussionen erlebt hat, weil diese zugunsten der Harmonie unterdrückt wurden. In einem Umfeld mit gesunder Streitkultur lernt man umso besser, sich verbal durchzusetzen, anstatt Auseinandersetzungen zu vermeiden und Konflikte zu umschiffen.

Neben der Erziehung gibt es weitere Elemente, die das gekonnte Kontern und das Verlassen der Harmoniefalle erschweren. Wenn Sie zum Beispiel ein Mensch sind, der (momentan) nicht genau weiß, wie seine Ziele aussehen und was er will, dann fällt es Ihnen logischerweise schwer, Ihre eigenen Wünsche zu berücksichtigen. Sie wissen ja nicht genau, wie diese aussehen. In der Folge orientieren Sie sich an den Wünschen Ihrer Mitmenschen. Vielleicht kennen Sie ja auch unschlüssige Menschen, die im Restaurant stets die anderen fragen, was diese essen werden? Erst wenn diese Unschlüssigen die Bestellungen der anderen gehört haben, formulieren sie ihre eigene, die zumeist sehr ähnlich ausfällt. Im übertragenen Sinne ist diese Situation mit der generellen Unschlüssigkeit im Hinblick auf die eigenen Ziele vergleichbar.

Frauensprache – Männersprache

Die amerikanische Schauspielerin Bette Davis soll auf die Frage eines Reporters, ob sie glaube, dass Frauen intelligenter als Männer seien, geantwortet haben: »Natürlich glaube ich das. Oder haben Sie je eine Frau gesehen, die einem Mann wegen seiner schönen Beine hinterherläuft?« Die Antwort ist raffiniert, schlagfertig und witzig zugleich. Sie ist aber noch ein bisschen mehr als das …
Über die Intelligenz eines Menschen geben nicht nur klassische Intelligenztests oder Schulnoten Auskunft. Als intelligent gelten auch Fähigkeiten, die unter emotionaler Intelligenz bekannt sind: Emotionale Intelligenz ist ein Sammelbegriff für Persönlichkeitseigenschaften und Fähigkeiten, die den Umgang mit eigenen und fremden Gefühlen betreffen. Die oft verwendete Abkürzung »EQ« ist irreführend, da es sich bei emotionaler Intelligenz genau genommen nicht um einen Quotienten handelt.

Emotionale Intelligenz der Frauen

Als emotional intelligent gilt, wer sozial kompetent ist, das heißt die Fähigkeit besitzt, Kontakte zu knüpfen, tragfähige Beziehungen und ein gutes Beziehungsmanagement aufzubauen. Dazu gehören auch Empathie und die Fähigkeit, emotionale Befindlichkeiten anderer Menschen zu verstehen und angemessen darauf zu reagieren. Frauen verfügen im Allgemeinen über eine gut ausgeprägte emotionale Intelligenz und sind, zum Beispiel in Partnerschaften, ganz selbstverständlich für die Beziehungspflege zu Freunden und

Familie zuständig. Das macht es jedoch nicht unbedingt leichter, schlagfertig zu kontern. Allzu schnell werden Frauen zu Opfern ihrer eigenen Ansprüche, da sie niemanden verletzen wollen. Einerseits bewahrt sie diese Haltung davor, unüberlegt zurückzupöbeln und es zu einem sinnlosen Schlagabtausch kommen zu lassen; auf der anderen Seite bleiben sie aber genau deshalb oft sprachlos zurück.

Zwar bieten die verschiedenen Kommunikationsmodelle wichtige Hinweise für eine effektive Kommunikation – sie gehen jedoch weniger auf den wichtigen Aspekt ein, dass Frauen und Männer unterschiedlich kommunizieren. Während Frauen tendenziell beziehungsorientiert agieren, verhalten sich Männer meist dominanzorientiert. Ausnahmen bestätigen jedoch die Regel: So ist beispielsweise auch zu erklären, warum Männer manchmal typische Frauenberufe ergreifen und umgekehrt.

Beziehungsorientierte Kommunikation

Das überwiegend beziehungsorientierte Kommunikationsverhalten von Frauen zeigt sich unter anderem dadurch, dass ihnen gute Beziehungen zu anderen Menschen sehr wichtig sind. Frauen können ausgezeichnet auf andere Menschen eingehen und haben einen »siebten Sinn« für den Gemütszustand und die Lage anderer. Sie schneiden in sprachlichen Tests im Durchschnitt besser ab als Männer und gelten als das »redende Geschlecht«. In Gesprächen lächeln sie häufiger als die Herren der Schöpfung und zeigen durch Kopfnicken oder bestätigende Worte wie »Hm ...«, »Ach so ...« oder »Ja ...«, dass sie ihrem Gegenüber zuhören. Kommunikation ist für Frauen ein Gradmesser der Beziehungsqualität. Sie fragen in Gesprächen häufig nach, um so den Kommunikationsfluss in Gang zu halten. Dementsprechend empfinden sie es als bedrückend, wenn sich die Kommunikation verschlechtert, weil der andere nicht mehr mit ihnen redet oder ihnen mit einer Bemerkung über den Mund fährt. Ihre Idealvorstellung von Kommunikation ist konfliktfrei und harmonisch. Neben der Vermittlung von Informationen ist das Gespräch ein Mittel, um Bindung und Nähe zu beweisen. In der Folge werden Unterhaltungen zum Gradmesser für das qualitative Verhältnis zum Gesprächspartner. Entsteht ein

Konflikt oder eine Auseinandersetzung, so gerät die gute Beziehung aus dem Gleichgewicht und es dauert seine Zeit, bis frau ihre daraus resultierenden Unsicherheiten überwunden hat.

Dominanzorientierte Kommunikation

Männer kommunizieren dagegen tendenziell dominanzorientiert. Ihnen ist in der Kommunikation weniger die Beziehung wichtig als vielmehr der eigene Status. Trotzdem haben Bindungen zu anderen Menschen für sie natürlich Bedeutung. Häufig dienen Gespräche jedoch dazu, die eigene Stellung zu sichern und ein Unter- oder Überordnungsverhältnis festzulegen. In Unterhaltungen sucht das starke Geschlecht daher gern Themen, in denen es sich selbst darstellen kann und durch die andere herausgefordert werden. In regelrechten Grabenkämpfen, die häufig durch Widerspruch (»Da habe ich aber etwas anderes gehört …«) oder mit langen Monologen eingeleitet werden, testen sie den eigenen Status sowie ihr Durchsetzungsvermögen und finden heraus, ob ihnen der andere verbal gewachsen ist. Ernten sie negative Kritik, so legen sie sehr oft die Haltung »Jetzt erst recht« an den Tag und lassen sich nicht weiter verunsichern.

Es wundert daher nicht, dass Frauen und Männer auf Dauer nicht hindernisfrei miteinander kommunizieren. Fragt man Frauen nach ihrer Einschätzung zum Kommunikationsverhalten der beiden Geschlechter, so bekommt man folgende Auskunft (vgl. Oppermann/Weber, *Frauensprache – Männersprache*):

Frauen sagen, Männer sprechen:

- laut
- dominant
- aggressiv
- linear
- einfach
- lang
- unterbrechen häufig
- emotionslos

- in kurzen Sätzen
- behauptend (auch wenn ihre Aussagen nicht stimmen)
- in Feststellungen
- hierarchisch orientiert

Frauen sagen, Frauen sprechen:

- unüberlegt
- unstrukturiert
- integrativ
- passiv
- vorsichtig
- benutzen häufig Wendungen wie »vielleicht«, »eigentlich«, »ich würde vorschlagen« und schmälern dadurch ihre Überzeugungskraft
- leise, höher in der Stimmlage
- offen
- verbindlich
- andere Gesprächseröffnung
- mit mehr Fragen
- tendenziell unpräzise
- Frauen formulieren ihre Meinung so, dass es anderen Personen eher möglich ist, eine Gegenpositionen zu vertreten
- zurückhaltend
- und hören gleichzeitig zu
- kaum dominant

Aufgrund der unterschiedlichen Kommunikationsstile ergeben sich früher oder später zwangsläufig Differenzen. Frauen untereinander kommunizieren dagegen relativ reibungsfrei, da sie ähnliche Wertigkeiten berücksichtigen. Sie wollen zum Beispiel den Standpunkt des Gesprächspartners verstehen, um darauf Rücksicht nehmen zu können – in der Folge wird die Harmonie gewahrt und die Gefühle der anderen werden nicht verletzt. Der Autor des Buches *Sofies*

Welt, Jostein Gaarder, hat im August 1994 in der Süddeutschen Zeitung geschrieben: »Es hat auch einen Grund, dass in meinem Roman ein Mädchen die Hauptperson ist und kein Junge. Für Mädchen ist es wichtig, etwas zu verstehen. Den Jungs ist es wichtig, verstanden zu werden.«

Es stellt sich nun für Sie, liebe Leserinnen, die Frage, warum Sie nicht viel schlagfertiger sind als Ihr männliches Gegenüber. Fest steht nämlich, dass Frauen die Sprache als solche besser beherrschen. Sie erzielen bei sprachlichen Tests durchschnittlich mehr Punkte als männliche Kandidaten: Sie sind sicherer in Grammatik, ihr Wortschatz ist umfangreicher, sie finden rascher Synonyme, lesen schneller und beherrschen die Rechtschreibung ebenfalls besser. Wenn nun also Männer in sprachlicher Hinsicht das schwächere Geschlecht sind, stellt sich die Frage, warum es eigentlich nicht mehr weibliche Bestsellerautoren gibt oder warum es nicht mehr Frauen in der Vergangenheit durch »Sprache« zu Ruhm und Ehre gebracht haben. Neben Ursachen im sozialen Gefüge sind Frauen sprachlich zwar unbestritten geschickter – leider jedoch nicht unbedingt kreativer. Genau daran arbeiten wir auf den folgenden Seiten!

2 Psychologisch richtig kommunizieren

Wie viele Elemente eine Nachricht beinhaltet, verdeutlicht das folgende Beispiel: Ein Ehepaar sitzt im Auto, der Mann fährt. In einigen Metern Entfernung befindet sich eine Ampel, die gerade auf Grün umgesprungen ist. Die Frau sagt zu ihrem Mann: »Du, da vorn ist grün!«, worauf der Mann barsch erwidert: »Fährst du oder fahre ich?«

Schulz von Thun lässt grüßen

Wenn man das Kommunikationsmodell nach Friedemann Schulz von Thun zugrunde legt, wollte die Frau ihrem Mann mit dem Satz »Da vorn ist grün« vier verschiedene Dinge mitteilen:

- Die Ampel ist grün. (Sachinformation)
- Ich nehme aufmerksam am Straßenverkehr teil und ich habe es eilig. (Selbstdarstellung)
- Die Nachricht informiert durch Betonung, Gestik und Mimik darüber, wie die Ehepartner zueinander stehen. (Beziehungsinformation)
- Bitte fahr los! (Aufforderung)

Auf Nachrichten in der Beziehungsebene reagiert der Empfänger normalerweise besonders sensibel. Denn hier wird er in bestimmter Weise angesprochen oder kritisiert. In unserem Beispiel gibt die Frau durch ihren Hinweis zu erkennen, dass der Mann nicht so aufmerksam am Straßenverkehr teilgenommen hat wie sie. Womöglich traut sie ihm nicht zu, den Wagen vernünftig zu steuern – zum Beispiel weil er mit den Gedanken woanders ist. Da hier die Erwiderung des Mannes barsch ausfällt, ist anzunehmen, dass er die Nachricht auch exakt so aufgefasst hat.

> Unter Umständen tragen wir also Mitverantwortung, wenn uns jemand eine patzige Erwiderung serviert: Vielleicht haben wir ihn auf der Beziehungsebene dergestalt angesprochen, dass er sich von uns angegriffen fühlt und sich nun zu wehren versucht. Wahr ist nämlich nicht nur, was Sie sagen, sondern auch, was der andere versteht. Daraus folgt der Schluss: Wenn der andere eine Nachricht von Ihnen falsch interpretiert, sind Sie mit verantwortlich.

Beziehungsebene – Inhaltsebene

Wenn Sie jemandem etwas erzählen, geben Sie mit Ihren Worten Fakten bekannt (Sachinformation) und kommunizieren dadurch auf einer Inhaltsebene. Durch die Art und Weise, wie Sie diese Worte aussprechen, sagen Sie gleichzeitig etwas über die Qualität Ihres Umgangs miteinander aus und verständigen sich dadurch auch auf der Beziehungsebene. Indem Sie also einen simplen Satz sagen (»Die Ampel ist grün«), agieren Sie mindestens auf zwei Ebenen: der Sach- und der Beziehungsebene.
Männer vertreten oft die Auffassung, dass die Sachebene die entscheidende Kommunikationsebene ist. Frauen bekommen in Diskussionen mit Männern daher häufig Sätze zu hören, die folgendermaßen lauten: »Lass uns doch erst mal über die Sache sprechen. Du fängst schon wieder an, über die Art und Weise zu reden, wie ich dir gegenüber das besagte Thema angesprochen habe, aber das hat mit der eigentlichen Sache gar nichts zu tun.«

Falsch! Die Beziehungsebene ist im Zweifelsfall die wichtigere Kommunikationsebene, weil sie die Basis dafür ist, dass der Gesprächspartner Informationen aufnehmen kann. Solange die Beziehung nämlich positiv oder zumindest neutral ist, gelangen Informationen problemlos auf der Inhaltsebene zum Empfänger. Ist die Beziehungsebene dagegen negativ geprägt, können die Informationen nur teilweise zum Empfänger durchdringen, weil er sich schwerpunktmäßig mit dem Ärger auf der Beziehungsebene befasst und keine Lust mehr hat zuzuhören.

Frauen berichten häufig, dass sie sich bei verbalen Auseinandersetzungen oder Grabenkämpfen im Nachhinein nicht mehr an all das Gesagte und Gehörte erinnern können. Kommt Ihnen das bekannt vor? Kein Wunder: Vor lauter Stress sind Sie in Ihrer Wahrnehmungsfähigkeit eingeschränkt und daher auch nicht maximal aufnahmebereit. Wäre die Beziehungsebene in diesen Gesprächen positiv geprägt gewesen, so wäre Ihnen das nicht passiert und Sie könnten sich beinahe lückenfrei an den kommunikativen Austausch erinnern.

Beziehungsohr

Es gibt jedoch nicht nur vier Elemente einer Nachricht, sondern auch vier Ohren, mit denen wir eine Mitteilung aufnehmen. Bei Frauen ist das Beziehungsohr besonders aufmerksam und registriert nahezu jede Kleinigkeit: Seien es Wortwahl, Betonung oder begleitende Mimik und Gestik des Gesprächspartners. Das Beziehungsohr sorgt für eine wertschätzende, empathische und partnerschaftliche Kommunikation.

Appellohr

Ebenso reagieren Frauen im Allgemeinen stark auf die »Aufforderung« beziehungsweise den Appell, der in einer Nachricht enthalten ist. So gibt es zum Beispiel keine Verständigungsschwierigkeiten, wenn eine Kollegin zur anderen sagt: »Wir müssten mal wieder Kaffee bestellen.« Ganz selbstverständlich antwortet die andere: »Machst du das oder soll ich?« Sagt sie den gleichen Satz zu einem männlichen Kollegen, so murmelt der allenfalls Zustimmung, wird aber kaum zur Tat schreiten. Frauen sind also deutlich sensibler, wenn es um den Appell in einer Botschaft geht; das gilt selbst dann, wenn dieser nur indirekt formuliert wurde.

Grundsätzlich neigen Frauen dazu, eine Aufforderung indirekt auszusprechen. Wenn eine Frau zu ihrem Mann sagt: »Oh je, der Mülleimer ist auch schon wieder voll!«, dann erwartet sie ganz selbstverständlich, dass ihr Mann mit daran denkt, den Müll wegzubringen, oder es im Idealfall sogar selbst und sofort tut. Nun könnte sie ja stattdessen natürlich direkt formulieren: »Bringst du bitte den Müll runter?!« Bei dieser Wortwahl läuft sie jedoch Gefahr, dass ihr Mann mit »Nein« antwortet und sie die Aufgabe dann selbst übernehmen muss. Bekommt sie tatsächlich einen ablehnenden Bescheid, dann ist es für Frauen schwierig, diesen als reine Sachinformation zu verarbeiten. Da das Beziehungsohr weit geöffnet ist, wird stets die unterschwellige Überlegung mitschwingen, warum sich der Partner eigentlich nicht mal kurz die Zeit nehmen und den Müll entsorgen kann.

Nun sollen diese Ausführungen Sie nicht dazu verleiten, zu glauben, ein Mann würde sein Beziehungsohr stets fest verschließen. Das ist zum Glück nicht der Fall. Das Beziehungsohr ist geöffnet, hat aber eine andere Ausrichtung: Während Frauen nach Aussagen über die Beziehungsqualität forschen und Harmonie zu finden hoffen, suchen Männer nach Aussagen, die ihnen Auskunft über ihren eigenen Status geben können. Fassen wir also noch einmal die wesentlichen Unterschiede von weiblichem und männlichem Kommunikationsverhalten zusammen:

- Frauen und Männer haben in beruflichen Gesprächen unterschiedliche Ziele: Für Frauen stehen Beziehungen im Vordergrund, für Männer Informationen.
- Frauen legen sehr viel Wert auf eine Sprache, die Bindung, Nähe und Akzeptanz verdeutlicht. Männer drücken sich status- und machtorientiert aus.
- Bevor sich Frauen der Sachebene zuwenden, wollen sie auf der Beziehungsebene bestätigt werden. Männer bestätigen die Beziehungsebene über das gemeinsame Angehen der Sache.

Mit diesem Wissen sind wir sicher schon einen großen Schritt weiter: Wenn Ihnen der Kollege das nächste Mal einen blöden Spruch serviert, dann wissen Sie, dass aus seiner Sicht damit keine wesentliche Aussage über die Beziehungsebene einhergeht, und fragen sich, ob er womöglich einen subjektiven Anlass hat, seinen Status mit diesem Spruch zu manifestieren … Letzteres würde ja ein ganz neues Licht auf den Fall werfen! Statt sich erschreckt zurückzuziehen, können Sie sich fragen: Habe ich vielleicht jemandem Angst gemacht? Das wäre gar nicht uninteressant und womöglich nicht verkehrt.

Das Gefühl der Verletzung entsteht nicht automatisch durch die Worte des Gegenübers, sondern durch die Art und Weise, wie Sie diese Worte deuten. Erst Ihre Interpretation lässt zu, dass Bemerkungen Sie verletzen – oder eben nicht.

3 Der Körper spricht Bände

Es ist doch seltsam, dass manche Menschen stets Opfer verbaler Attacken werden und andere so gut wie nie. Interessant ist, dass Mobbingopfer nicht nur einmal zu den Leidtragenden dieser fiesen Masche werden, sondern »Mehrfachopfer« sind und sich immer wieder zum Jobwechsel gezwungen sehen. Anders gesagt: Sie selbst wissen, dass es Menschen gibt, denen Sie jederzeit mutig widersprechen, und andere, bei denen Sie sich lieber auf die Lippen beißen. Das Fazit: Manche Menschen signalisieren (unter Umständen unbewusst), dass »man es mit ihnen machen kann«: zum Beispiel über eine schwache Körpersprache, die wenig Selbstbewusstsein und eine schwache Kämpfernatur suggeriert.

Wie fühlen Sie sich?

Gern spricht man umgangssprachlich von »Standhaftigkeit«, »krummen Typen« oder »aufrechten Charakteren«. Nicht nur, dass wir offensichtlich meinen, die wahre Persönlichkeit anhand der Körpersprache zu entlarven; auch lässt die Körpersprache Schlussfolgerungen auf einen momentanen Gemütszustand zu. Das bedeutet: Die äußere Haltung lässt Rückschlüsse darauf zu, wie es gerade »innen« aussieht.

Der Körper lügt nicht

Die äußere Haltung beeinflusst also nicht nur *Ihre* innere Haltung, sondern auch das, was *andere* über Sie denken. Umgekehrt wird natürlich auch ein Schuh draus: Ihre innere Verfassung wirkt sich auf Ihre äußere Haltung aus. Sie fühlen sich gerade »zum Bäume Ausreißen«? Dann sind Sie sicher federnden Schrittes, mit aufrechtem Gang und einem freundlichen Lächeln auf den Lippen unterwegs. Sie haben gerade eine tolle Präsentation gehalten und den

Auftrag einkassiert? Ganz bestimmt gehen Sie beschwingt und selbstbewusst durch den Rest des Tages oder der Woche. Doch was, wenn es gerade mal gar nicht so gut in Ihnen aussieht? Wenn Sie traurig oder enttäuscht sind oder sich krank fühlen, dann werden Sie nicht »großspurig« durchs Büro fegen. Und dank Ihrer ehrlichen Körpersprache ist Ihre momentane Verfassung nur allzu offensichtlich. Ihr Körper spricht immer, auch wenn Sie keinen Ton sagen.
Denken Sie stets daran: Ein Sprücheklopfer wählt am liebsten ein leichtes Opfer für seine verbalen Attacken aus. An einer langwierigen Diskussion ist er nicht interessiert, sondern er möchte einen leichten Sieg einfahren. Sie selbst können über Ihre Körpersprache entscheiden, welches Bild Sie Ihrem Gegenüber vermitteln möchten. Klar ist, dass man einem Duckmäuschen leichter zusetzen kann als einer selbstbewussten Business-Frau. Zu welcher Kategorie wollen Sie gehören?

Eckpfeiler einer selbstsicheren Körpersprache

Blickkontakt

Schau mir in die Augen!

Fehlt der Blickkontakt, wird das als Zeichen von Schüchternheit, mangelnder Selbstsicherheit oder als eine schlechte Angewohnheit gewertet. Sehen Sie Ihrem Gesprächspartner dagegen in die Augen, so signalisieren Sie, dass Sie ihn wahrnehmen und Kontakt zu ihm aufnehmen beziehungsweise halten möchten. Machen Sie jedoch nicht den Fehler, Ihr Gegenüber von Kopf bis Fuß zu mustern. Das ist unhöflich und bringt Ihnen keine Sympathiepunkte ein. Alles unterhalb der Schultern ist für Blicke tabu. Starren Sie Ihr Gegenüber auch nicht nonstop an, sondern sehen Sie zwischendurch immer mal wieder anderswohin. Aber Achtung: Derjenige, der zuhört, muss stärker den Blickkontakt halten als derjenige, der spricht. Während man von Ersterem volle Aufmerksamkeit erwartet, sieht man dem Letzteren das gelegentliche Wegsehen beim »Suchen« der passenden Worte nach.

Standbreite

Beanspruchen Sie Raum!

Souveränität und innere Sicherheit vermitteln Sie, indem Sie Ihre Füße hüftbreit auseinanderstellen. Alles, was breiter ist, wirkt leicht selbstherrlich; alles, was schmaler ist, wirkt leicht unsicher. Begründung: Je breiter Sie Ihre Füße stellen, umso mehr Raum nehmen Sie ein. Einem Menschen, der Macht innehat, billigt man mehr Raum zu. Wer also einen breiten Stand einnimmt, wirkt mächtiger. Allerdings sollte der Stand auch angemessen sein: Derjenige, der nur den Mächtigen mimt, indem er viel Raum beansprucht, wird rasch entlarvt. Frauen neigen dazu, sich insgesamt schmaler zu machen. Sie signalisieren dadurch unbewusst, dass sie freiwillig auf Raum (und Macht) verzichten.

Distanzzonen

Komm mir nicht zu nahe!

Rücken Sie dem anderen nicht auf die Pelle. Im deutschsprachigen Raum stellt eine Armlänge einen guten Abstand zum Gesprächspartner dar. Weniger darf es nicht sein, wenn Sie kein Unbehagen bei ihm auslösen wollen. Die gesellschaftliche Distanz beträgt mindestens 1,5 Meter und ist immer dann wichtig, wenn Sie sich unter Fremden bewegen. Die Preisfrage lautet: Wo wird die gesellschaftliche Distanzzone immer verletzt? Richtig, in den öffentlichen Verkehrsmitteln zum Beispiel. Ob Bahn, Bus oder Flugzeug – unweigerlich rücken uns die Mitreisenden dichter auf die Pelle, als diese Distanzzone eigentlich erlaubt. Auch im Aufzug stehen wir zwangsläufig enger beieinander. Haben Sie in diesem Zusammenhang schon einmal darauf geachtet, wohin die Mitfahrenden im Aufzug ihre Blicke richten? Am beliebtesten sind die Varianten, entweder auf die eigenen Schuhe zu starren oder die digitale Fahrstuhlanzeige zu fixieren. Und wenn wir die Wahl haben, stehen wir ausnahmsweise auch sehr gern mit dem »Rücken an der Wand«. Warum, ist schnell erklärt: Aufgrund der räumlichen Enge stehen wir viel dichter mit

Fremden zusammen, als uns lieb ist. Daher versuchen wir, diesen Umstand so gut wie möglich zu ignorieren (keinen Blickkontakt aufnehmen) und uns ein halbwegs sicheres Plätzchen zu suchen (Rücken an der Wand). Diese Maßnahmen führen jedoch keineswegs dazu, dass wir uns wesentlich wohler fühlen, und Gleiches gilt für die »Mitreisenden«. Wohler fühlen wir uns erst dann, wenn wir die Gelegenheit haben, uns ein besseres Bild von den anderen zu machen. Zum Beispiel indem beim Betreten des Aufzugs gegrüßt und bewusst der Blickkontakt gesucht wird.

Stehen

»Dynamisch« stehen

Während eines Gesprächs verharren Sie praktisch nie regungslos in einer Position. Das ist auch gut so, denn die passende Gestik und Mimik lässt Sie umso überzeugender wirken. Widerstehen Sie aber unbedingt dem Drang, sich während des Gesprächs an der Wand oder am Türrahmen anzulehnen oder sich am Tisch abzustützen. Dies mag Ihnen zwar Sicherheit geben, wirkt auf Ihr Gegenüber aber instabil oder sehr lässig. Und wer schon nach außen Unsicherheit vermittelt, der trägt sie meist auch innerlich mit sich herum.

Sitzen

»Besetzen« Sie Ihren Stuhl!

Die klassische weibliche Sitzhaltung ist typisch damenhaft. Die Beine werden schräg übereinandergeschlagen, die Hände liegen auf den Beinen und der Kopf ist während des Gesprächs zur Seite geneigt. Meist sitzen Frauen auch nicht auf der gesamten Sitzfläche des Stuhls auf, sondern nur auf der vorderen Hälfte, und ihre Füße schlingen sich Halt suchend um die Stuhlbeine. Durch eine solche Sitzhaltung nimmt frau nur ganz wenig Platz und Raum für sich in Anspruch und signalisiert dadurch Unterlegenheit. Besser ist eine Sitzhaltung mit geradem Rücken, die Hände liegen nicht untätig im Schoß, sondern werden zur unterstützenden Gestik eingesetzt. Vermeiden Sie, Ihre Arme an den Körper zu drücken, sondern legen Sie sie ganz locker auf die Armlehnen Ihres Stuhls, so nehmen Sie mehr Raum ein und wirken selbstsicherer.

Kopfhaltung

Jein!

Sie signalisieren durch ein Kopfnicken während des Gesprächs, dass Sie Ihrem Gegenüber zuhören. Ihr männliches Gegenüber deutet das Kopfnicken aber meist als Zeichen Ihrer Zustimmung und fühlt sich ermuntert, Ihnen seine Thesen näher zu erläutern. Sollten Sie ihm im Anschluss allerdings sagen wollen, dass Sie ganz anderer Meinung sind, wird Ihr Gesprächspartner die Welt nicht mehr verstehen. Für einen männlichen Zeitgenossen sind Ihre Körpersprache und Ihre Worte nicht kongruent; Sie wirken daher in seinen Augen sprunghaft und wenig überzeugend. Nicht selten führt ein solches Kopfnicken also zu Missverständnissen zwischen den Geschlechtern.
Auch halten Frauen häufig den Kopf ein wenig schief und zeigen ihrem Gegenüber damit eine sehr empfindliche Seite von sich: die Halsschlagader. Hierdurch werden unabsichtlich niedere Instinkte angesprochen: Nur der Unterlegene zeigt seine verwundbarste Stelle und macht sich auf diese Art und Weise angreifbar. Der schiefe Kopf gilt als Zeichen von Emotionalität und ist Ausdruck des Wunsches, zu gefallen. Solch ein Zeichen sendet ein Mensch, der Vertrauen in seinen Gesprächspartner hat und Nähe zu ihm herstellen möchte. Es handelt sich um ein nonverbales Signal, das den Gesprächspartner direkt auf der Gefühlsebene anspricht, ohne dass er sich dessen bewusst ist. Häufig wird diese schräge Kopfhaltung auch als Zeichen von Flirtbereitschaft gedeutet.

Lächeln

Doppeldeutiges Lächeln

Frauen lächeln in Gesprächen häufiger als Männer. Ihr Lächeln kann aber durchaus ein doppeldeutiges Signal sein. Nicht immer steht es für Freude und Zustimmung, es kann auch Milderung und Unterwerfung bedeuten. Mal angenommen, eine Frau hat mit einem Mann eine schwierige Diskussion auszufechten. Sie spricht ihn auf sein Verhalten in einer bestimmten Situation an und sagt ihm, dass sie dieses nicht in Ordnung findet. Sie legt ihren Kopf schräg und lächelt ihn an, während sie die entsprechenden Worte an ihn richtet. Ein Fehler: Durch ihre Körpersprache mildert sie ihre Aussage ab und sendet emotional zweideutige Botschaften – das Ergebnis der Diskussion wird unbefriedigend ausfallen.

Hände

Haben Sie Ihre Hände »im Griff«?

Achten Sie darauf, Ihre Hände ruhig zu halten. Verstecken Sie Ihre Hände nicht hinter dem Rücken, in den Hosentaschen oder unter der Tischplatte. Lassen Sie Ihr Gegenüber ab und an Ihre Handinnenflächen sehen. Nach wie vor gilt das als Zeichen von Vertrauen: In früheren Zeiten war das der beste Beweis dafür, dass der andere nicht bewaffnet und daher freundlich gesinnt ist. Meiden Sie jegliche Gestik die »ins Gesicht« geht: Das Anfassen von Ohrläppchen, Nase oder Lippen ist ein Hinweis auf momentane Unsicherheit, die Sie sicher nicht ausstrahlen wollen. So eine Körpersprache geht im wahrsten Sinne des Wortes »ins Auge«.

Mit der Körpersprache bringen Sie Ihren Status und Ihre Macht zum Ausdruck. Achten Sie darauf, unmissverständliche Botschaften zu senden, und machen Sie sich nicht unnötig klein. Durch eine selbstbewusste Körpersprache signalisieren Sie, dass Sie sich nicht als Opfer eignen. Wer andere attackiert, legt nämlich keinen Wert auf eine Auseinandersetzung, sondern möchte lieber einen leichten Sieg geschenkt bekommen.
Halten Sie beim Stehen, Gehen und Sitzen den Rücken gerade. Lassen Sie die Schultern nicht nach vorn kippen (sich kleiner machen) und sinken Sie nicht in sich zusammen.

- Stellen Sie Ihre Füße hüftbreit nebeneinander.
- Sitzen Sie mittig auf der Stuhlfläche. Schlingen Sie die Füße nicht um die Stuhlbeine.
- Nehmen und halten Sie Blickkontakt, insbesondere wenn Sie die Zuhörende sind.

- Halten Sie den Kopf gerade und offerieren Sie dem anderen nicht Ihre Halsschlagader.
- Achten Sie auf eine insgesamt ruhige Körpersprache. Nesteln Sie nicht an Ihrer Kleidung herum, fahren Sie sich nicht durch die Haare und meiden Sie Gestik, die »ins Gesicht« geht.

4 Stimmige Tipps für die Stimme

Eine Frauenstimme hat eine andere Klangfarbe und Tonhöhe als eine Männerstimme. Auch in der Lautstärke halten sich Frauen häufig zurück und sprechen deutlich leiser als ihre männlichen Zeitgenossen. Hat man Stress, so neigt man dazu, in einer flacheren, höheren Tonlage und kurzatmiger zu sprechen. Das ist bei Männern natürlich auch nicht optimal; bei Frauen jedoch wirkt sich das Ganze noch extremer aus: Wer ohnehin in einer hohen Tonlage spricht, der verfügt unter stressigen Bedingungen nur noch über eine hohe, piepsige und kraftlose Stimme. Wenn Sie aber Ihrem Gegenüber einen kernigen Konter um die Ohren hauen möchten, dann ist eine flache und unsichere Stimme dabei nicht gerade behilflich. Genau wie die Körpersprache verrät Ihre Stimme also, wie es in Ihrem Innern aussieht. Wenn Sie rundum überzeugend kontern wollen, sollten Sie Ihrer Stimme Kraft antrainieren. Diese können Sie dann nicht nur bei schlagfertigen Erwiderungen einsetzen, sondern immer dann, wenn Sie vor Publikum sprechen.

Wohlklang oder Hohlklang?

Stimmvolumen ist unabhängig vom Körpervolumen

Anders als man gemeinhin annimmt, haben Körperform und Körpervolumen nur untergeordneten Einfluss auf die Klangfarbe der Stimme. Die Sängerin Maria Callas litt viele Jahre unter hohem Übergewicht und entsprechender Körperfülle. Nach einer radikalen Schlankheitskur war ihre Stimme nach Einschätzung von Experten besser denn je, obwohl sie stark an Körpervolumen verloren hatte. Neben Sängern gehört auch für Schauspieler das Stimmtraining zum täglich Brot. Es ist daher nicht verwunderlich, dass die besten Stimmübungen aus der Schauspielpraxis kommen:

Es ist wichtig, dass Sie sich vor den Stimmübungen lockern. Dadurch entspannt sich das Zwerchfell und lösen sich Schulter- und Nackenverspannungen. Das Lockern kann entweder im Stehen oder im Sitzen geschehen. Im Stehen hüpfen oder wippen Sie auf der Stelle und lassen Ihren ganzen Körper locker – sodass Ihre Arme und der Kopf herunterhängen und mit jedem Hüpfen hin und her schlenkern. Auch die Gesichtsmuskeln sollten Sie bewusst entspannen, indem Sie den Kopf hängen lassen und Ihre Wangen gründlich ausschütteln.

Stimmtraining

Gähnen Sie

Haben Sie gewusst, dass das Gähnen ein hervorragendes Zwerchfelltraining ist? Gähnen ist aufgrund der erzeugten Zwerchfellspannung und der Weitung des Mund- und Rachenraums sehr gut für Ihre Artikulation und Ihren Stimmumfang. Wenn es Ihnen am Anfang schwerfällt, auf Kommando zu gähnen, so versuchen Sie einmal Folgendes: Versetzen Sie sich in Gedanken an die Morgenstunden, als Sie noch wohlig in Ihrem warmen Bett gelegen und in den Tag hineingeträumt haben ... Wetten, dass Sie spätestens jetzt ein Müdigkeitsgefühl verspüren und herzhaft gähnen müssen?

Finden Sie Ihre optimale Tonlage

In Ihrer optimalen Tonlage können Sie zum einen lange Zeit ohne Anstrengung sprechen und zum anderen hört man Ihnen in dieser Stimmlage gern zu. Bei jedem Menschen ist die ideale Tonlage eine andere. Sie können Ihre finden, indem Sie im Sitzen oder Stehen ein »Mhm« summen. Dieses »Mhm« muss nicht besonders laut sein – die Lautstärke richtet sich allein danach, was Ihnen angenehm ist. Summen Sie nun dieses »Mhm« mehrere Male in einer höheren Tonlage und anschließend in einer tieferen Tonlage – auf und ab. Innerhalb dieser Spanne liegt irgendwo Ihre persönliche optimale

Stimmlage. Es ist die Tonlage, die Ihnen innerhalb der Spanne am angenehmsten ist.

Die Korken-Übung

Probieren Sie die Korken-Übung aus! Sie werden überrascht sein, wie sehr sie Ihre Aussprache verbessern wird. Suchen Sie sich einen Korken, der daumendick ist, und beißen Sie mit den Vorderzähnen auf den Korken. Achten Sie dabei darauf, dass so viel Korken wie möglich aus Ihrem Mund herausschaut. Mit dem Korken im Mund sprechen Sie nun einen beliebigen Satz mit kurzen und langen Vokalen deutlich nach. Die Worte sollten verständlich sein. Danach wiederholen Sie den Satz noch einmal ohne Korken (insgesamt circa sechs Wiederholungen – drei Mal mit und drei Mal ohne Korken). Anschließend suchen Sie sich einen kurzen Text Ihrer Wahl und sprechen diesen ebenfalls mit dem Korken deutlich nach. Dann lesen Sie ihn noch einmal laut ohne die Korkensperre im Mund (insgesamt circa sechs Wiederholungen). Keine Sorge – zwischen den einzelnen Übungen dürfen Sie den Korken kurz aus dem Mund nehmen!

Halten Sie sich gerade

Gute Haltung für einen guten Ton

Besondere Bedeutung in Zusammenhang mit einer voluminösen Stimme hat die richtige Haltung. Ist Ihnen der Satz aus jungen Jahren »Kind, sitz gerade!« noch geläufig? Auch wenn Ihre Eltern vermutlich eher an einen gesunden Rücken und eine schön anzusehende Haltung dachten – sie haben damit auch den Grundstein für eine voluminöse Stimme gelegt. Indem Sie sich im Sitzen und Stehen gerade halten, gewinnen Sie im Zwerchfellbereich Raum für mehr Atem und haben automatisch eine wohlklingende Stimmlage! Um eine gute Haltung zu bekommen, dürfen Sie es den Top-Models nachmachen und mit einem schweren Buch auf dem Kopf balancieren üben. Während des Balancierens können Sie dann einige Stimmübungen machen. Sie werden bemerken, dass sich Ihre Haltung und die Qualität Ihrer Stimme deutlich verbessern!

Ideal ist es, wenn Sie die Übungen drei Mal pro Woche von Anfang bis Ende durchführen. Direkt nach den Übungen werden Sie einige Stunden in einer angenehm und voluminös klingenden Stimmlage sprechen können. Damit Sie dauerhaft Ihre Stimmlage verbessern, müssen Sie etwas Geduld und Ausdauer mitbringen und bis zu einem halben Jahr lang regelmäßig trainieren. Es lohnt sich!

Erhöhen Sie Ihre Wirkung auf andere

Längst ist bekannt, dass nicht nur gute Ideen, sondern auch ein gutes Auftreten und ein ebensolches Image ausschlaggebend für den Erfolg sind. Andersherum gilt: Ist der Ruf erst einmal ruiniert, lebt es sich völlig ungeniert. Letztere Devise empfehle ich natürlich nicht – ganz im Gegenteil. Ein Image umzuwandeln ist nämlich sehr viel schwieriger, als ein gutes Image zu pflegen. Sie können Ihre Wirkung um ein Vielfaches erhöhen, wenn Sie die folgenden Tipps befolgen:

Sprechen Sie eine klare Sprache

Keine abschwächenden Formulierungen!

An und für sich ist das selbstverständlich. Doch manchmal schleichen sich Wörter ein, die den Inhalt des Gesagten schwächen oder relativieren. Dazu gehören Formulierungen wie »vielleicht«, »eigentlich«, »ich glaube«, »nur«, oder »ein bisschen«. Wer sagt »Eigentlich ist das eine gute Idee von mir«, der drückt damit jede Menge Selbstzweifel aus. Und wenn Sie selbst schon nicht sicher sind, ob Ihre Idee gut ist, warum sollte es dann ein anderer sein? Die Widerrede des Kollegen ist so schon programmiert. Die Formulierung »Ich habe eine gute Idee« hat da doch eine ganz andere Aussagekraft. Streichen Sie also konsequent weichmachende Formulierungen aus Ihrem Wortschatz. Frauen benutzen diese Wörter gern, um »weicher« rüberzukommen und den anderen nicht vor den Kopf zu stoßen. Leider kommt das beim Gegenüber nicht als rücksichtsvoll, sondern nur als Zeichen von Schwäche an:

- »Ja, ja, aber ...« In diesem Moment ist das Kind schon in den Brunnen gefallen. Wer zunächst Zustimmung signalisiert und dann zum »... aber« übergeht, der widerspricht sich selbst. Verwenden Sie ein Aber wirklich nur dann, wenn Sie tatsächlich einen Gegensatz beschreiben. In eine ähnliche Kategorie gehört »nicht«. »Frau Schmitt, denken Sie nicht auch, dass ...« Es fällt dem Menschen schwer, etwas »nicht« zu denken; sagen Sie lieber, was ist, als was nicht ist. »Ehrlich gesagt« machen Sie sich sonst das Leben schwer ... wer nun aufmerksam gelesen hat, ist bestimmt sofort auch über diese Formulierung gestolpert. Prima! Denn wer »ehrlich gesagt« etwas zum Besten gibt, der wirft die Frage auf, ob denn sonst alles gelogen ist!?
- Damit noch nicht genug: Wer sich außerdem hinter Passivkonstruktionen versteckt, der bleibt auch passiv. »Die Quartalszahlen müssen vorliegen« ist viel weniger bestimmend und eindeutig als die Formulierung »Herr Schmitt muss die Quartalszahlen liefern.« Passivkonstruktionen sind unklar und führen daher nicht selten zu Missverständnissen.
- »Die Bewegung« bewegt sich nicht: Aktive Verben bewegen sehr viel mehr in den Köpfen Ihrer Zuhörer als die entsprechenden Substantive.
- Geht das auch auf Deutsch beziehungsweise kann man das auch für Normalsterbliche formulieren? Vermeiden Sie unnötige Fremdworte und Fachchinesisch, wo es nicht unbedingt notwendig ist, und reden Sie tunlichst nicht um den heißen Brei herum.
- Supertollgenialfantastisch? Vermeiden Sie Übertreibungen und Superlative. Sie erreichen dadurch nur, dass »normale« Aussagen an Wert verlieren.
- Keine Selbstgespräche im Beisein anderer! Beziehen Sie Ihr Gegenüber verbal ein, zum Beispiel durch eine direkte Ansprache und entsprechende Fragen.

Sprechen Sie langsam

Die meisten Frauen sprechen zu schnell für ihren Gesprächspartner und erwecken dadurch einen gehetzten oder hektischen Eindruck. Sie rattern ihre Sätze so flott herunter, dass der (männliche) Zuhörer keine Chance hat, dem Gesagten vollständig zu folgen. Deshalb: Wenn Sie möchten, dass das, was Sie sagen, auch gehört wird, müssen Sie langsam sprechen und zwischen den Sätzen kurze Pausen machen. Achten Sie auch darauf, nur über ein Thema zur gleichen Zeit zu sprechen – Männer können nicht so schnell zwischen Themen springen, wie Frauen das gern tun. Schade, aber wahr!

Sprechen Sie laut

Viele Frauen haben die Angewohnheit, in wichtigen Gesprächen ihre Stimme auf »leiser« zu stellen. Das Gesagte wirkt jedoch viel besser, wenn Sie laut und deutlich sprechen. Richten Sie sich auf und atmen Sie gut durch – das sind die besten Voraussetzungen, um wirklich gehört zu werden. Durch eine leise Stimme begeben Sie sich automatisch in die Mäuschen-Haltung, in der man Ihnen kaum Großes zutrauen wird.

Nicht nur reden, sondern auch etwas sagen

Jedes Wort zählt!

Sorgen Sie dafür, dass jedes Ihrer Worte zählt. Das bedeutet nicht, dass alle Sätze kurz sein sollen oder keine Einzelheiten enthalten dürfen – es heißt ganz einfach, dass jedes Wort seine Aufgabe erfüllen muss und wichtig ist. Plaudern Sie also nicht ohne Sinn und Verstand einfach los, sondern überlegen Sie, *bevor* Sie den Mund aufmachen.

Genießen Sie auch das »kleine Gespräch«

Unverhofft kommt oft: Anlässe für einen Smalltalk gibt es wie Sand am Meer. Sei es, wenn Sie einen Kunden vom Empfang abholen oder Ihren Vorgesetzten im Aufzug treffen. Unterschätzen Sie nicht die Bedeutung dieser kleinen, aber feinen Gespräche. Wer das lockere Geplauder beherrscht, überzeugt mit besten Umgangsformen sowie sozialer Kompetenz und besitzt das richtige Handwerkszeug, um persönliche Beziehungen zu schaffen. Kritiker des Smalltalks bezeichnen die kleinen Unterhaltungen gern als oberflächliches Geplänkel, bei dem vieles zwar ein bisschen, aber nichts so richtig besprochen wird. Man folgert daraus mutigerweise, dass ein Smalltalk nur die Bühne für schauspielernde Selbstdarsteller bietet, die sich durch Konfliktscheue auszeichnen und daher auf inhaltsreichen Gesprächsstoff verzichten.

Zwar ist es durchaus zutreffend, dass sich Smalltalk-Gespräche regelmäßig nur an der Oberfläche bewegen, verschiedene Themen anschneiden und dabei keines so richtig vertiefen. Daraus entsteht jedoch der Vorteil, dass sich jeder mit jedem unterhalten kann. Gerade weil die Themen nicht hochtrabend sind, ist sichergestellt, dass alle mitreden und sich an der Unterhaltung beteiligen können. Lassen Sie also die Aufwärmphase nicht ungenutzt verstreichen, sondern sehen Sie diese als Chance, ins Gespräch zu kommen und Kontakte zu knüpfen. Denn: Wer den Smalltalk beherrscht, wirkt auf Kunden, Vorgesetzte und Kollegen sympathisch, selbstsicher und kommunikationsstark.

5 Strategien der Schlagfertigkeit

Die Hölle, das sind die anderen.
Jean-Paul Sartre (1905–1980),
französischer Schriftsteller und Philosoph

Warum eine Ritterrüstung unverwundbar macht

Wie kommt es eigentlich, dass jemand Sie mit einer einzigen dummen Aussage aus der Fassung bringen kann? Ganz einfach, Sie haben die Bemerkung an sich herangelassen, sie aufgenommen und dann trafen diese Worte zielsicher einen wunden Punkt. Sie fühlen sich angegriffen. Damit hat der Sprücheklopfer genau das erreicht, was er wollte: Er hat einen schwachen Punkt anvisiert und exakt getroffen. Das für ihn befriedigende Ergebnis ist, dass Sie sich nun die kommenden Minuten oder sogar Stunden mit dem Spruch beschäftigen werden und dieser maßgeblichen Einfluss auf Ihre Stimmung haben wird. Ob Sie jetzt wütend, traurig oder enttäuscht sind – diesen Gemütszustand haben Sie Ihrem Gegenüber zu verdanken. Oder?
Nun, es wäre ziemlich tragisch, wenn Sie Ihr Seelenheil so leichtfertig an andere ausliefern würden. Es darf nicht sein, dass Ihr Gegenüber Sie so schnell hochnehmen und schachmatt setzen kann. Eine wichtige Regel lautet daher, dass nur Sie bestimmen dürfen, was Sie an sich heranlassen und womit Sie sich gerade nicht auseinandersetzen möchten. Sie müssen also die wertvolle Fähigkeit entwickeln, sich nicht provozieren zu lassen und eine verletzende Bemerkung einfach zu ignorieren – innerlich wie äußerlich.

Andernfalls wäre jeder beliebige Mensch in Ihrer Umgebung in der Lage, Sie nach seinen Wünschen zu manipulieren und aus der Fassung zu bringen.

Legen Sie sich ein dickes Fell zu!

Damit Ihnen das nicht (mehr) passiert, müssen Sie sich ein dickeres Fell zulegen: eine Art Ritterrüstung, die Sie wappnet und an der doofe Sprüche einfach abprallen und zum Gegenüber wie ein Bumerang zurückgeschleudert werden. Auf diese Art und Weise grenzen Sie sich von der Stimmung der anderen Menschen bestens ab: Ob ungeduldige Kommentare, Provokationen, Arroganz oder Nervosität – das Verhalten der anderen durchschlägt Ihre Ritterrüstung nicht und Sie können sich nun emotionslos und in aller Ruhe überlegen, ob und wie Sie reagieren wollen. Ganz egal, wie unverschämt Ihr Gegenüber auftritt, Sie müssen sich davon nicht beeinflussen lassen – wenn Sie es nicht wollen.

Um eine stabile Ritterrüstung aufzubauen, stellen Sie sich vor Ihrem inneren Auge eine typische Situation vor, die Sie regelmäßig aus der Ruhe bringt: Sei es Ihr Kollege, der Ihnen immer wieder mit unpassenden Kommentaren nach dem Motto »Manche werden hier wohl nur für ihre kurzen Röcke bezahlt« den Nerv raubt, oder der ewig schlecht gelaunte Stammkunde, der immer etwas zu nörgeln hat. Schließen Sie die Augen und versetzen Sie sich so gut wie möglich in diese Situation: Wo spielt sie sich ab? In welcher Entfernung stehen Sie zu Ihrem Angreifer? Welchen Klang hat seine Stimme? Wie lautet sein Kommentar? Fühlen und sehen Sie die Ritterrüstung um sich und hören Sie, wie sie die provozierende Bemerkung mit einem blechernen Geräusch abprallen lässt und die Worte zurück zum Angreifer schickt. Ihre Emotionen haben Sie selbst vollkommen unter Kontrolle – kein Wunder, denn schließlich konnte der Angriff Sie nicht treffen. Sie sind völlig ruhig und sachlich. Die Ritterrüstung hat Sie bestens geschützt. Sie atmen tief und ruhig ein. Merken Sie sich dieses wohlige und sichere Gefühl der Unverwundbarkeit.

Üben Sie regelmäßig in Gedanken, diese sachliche und daher hilfreiche Haltung einzunehmen, damit sie im Ernstfall schnell abrufbereit ist. Als einfache Übung bietet sich zum Beispiel an einem Samstag oder nach Feierabend der Gang in den überfüllten Supermarkt an, wo die schlechte Laune der Kassiererin an Ihnen abperlt oder die Hektik der anderen Kunden Ihnen nichts anhaben kann. Aus einem sachlichen Zustand heraus fällt es Ihnen sehr viel leichter, schlagfertige Kommentare zu entwickeln – ohne sich auf eine persönliche Schlammschlacht einzulassen. Machen Sie ein Spiel daraus, gewohnte Verhaltensmuster zu durchbrechen – auch Ihre eigenen. Wünschen Sie der Kassiererin einen besonders schönen Abend und seien Sie bewusst freundlich. Es macht Spaß, die eigene Souveränität zu testen und stetig Fortschritte zu erleben.

Tipp Wenn Sie dann doch einmal jemand punktgenau getroffen haben sollte, dann lernen Sie, die Situation loszulassen. Tragen Sie diese nicht noch stundenlang in Gedanken mit sich herum. Stattdessen setzen Sie den Sprücheklopfer und seine spitze Bemerkung vor Ihrem inneren Auge auf eine wunderschöne weiße Wolke am strahlend blauen Himmel und pusten beide davon. Winken Sie dem Spruch hinterher, schicken Sie gute Gedanken mit auf die Reise und widmen Sie sich nun wieder wichtigeren Dingen. Vorbei ist vorbei.

Schlagfertigkeit kann man lernen

Zwar liegt vielleicht nicht jedem das witzige Kontern, bei dem frau die Worte des Gegenübers aufgreift, ihm diese »im Mund umdreht« und dabei auch noch die Lacher auf ihrer Seite hat. Es steht jedoch fest, dass es lernbar ist, eine intelligente, schnelle, bewusste und gewünschte Reaktion zu zeigen. Das bedeutet, dass Sie in Zukunft nicht mehr unfreiwillig stumm dastehen und Ihren Gegner siegreich von dannen ziehen lassen werden.

Ab sofort kommt Ihnen jede üble Bemerkung gerade recht: Schließlich müssen Sie ja Ihre Schlagfertigkeit trainieren – bekanntlich macht nur Übung den Meister. Schlagfertigkeit ist jedoch kein Kampf. Ein Kampf kostet Kraft, verursacht Disstress und dieser ist ungesund. Vielmehr ist Schlagfertigkeit ein amüsantes Spiel, bei dem Sie viele verschiedene Spielkarten beziehungsweise Figuren zur Auswahl haben. Ihren Möglichkeiten und Ihrer Fantasie sind dabei keine Grenzen gesetzt.

z.B. Eine Freundin berichtete mir kürzlich, dass sie mein Taschenbuch »Schlagfertigkeit für Frauen« eine Zeit lang bei sich getragen hat. Wenn ihr Freund ihr immer wieder aufs Neue einen doofen Spruch servierte, hielt sie inne, überlegte kurz, sagte »Moment mal«, zog das Buch heraus, blätterte und wählte eine Retourkutsche aus. Irgendwann war es nicht mehr erforderlich, das Buch herauszuziehen – die Sprüche waren ihr in Fleisch und Blut übergegangen. Übrigens: Der Vollständigkeit halber sei erwähnt, dass besagter Freund heute Geschichte ist.

Lieblingskonter notieren

Eine Teilnehmerin erzählte mir eine ähnliche Geschichte: Sie konnte sich einfach keinen Spruch auswendig merken und ging daher dazu über, sich ihre Lieblingskonter vorab zu notieren. Wenn ihr der Kollege einen verbalen Angriff um die Ohren schlug, atmete sie erst einmal durch, zückte ihren Notizblock und gab querbeet die darauf stehenden Antworten, natürlich in Kombination mit einem charmanten Lächeln.

Letzteres ist überhaupt sehr wichtig in diesem Zusammenhang. Sie finden auf den folgenden Seiten Konterstrategien, die das Ziel verfolgen, den anderen zu verwirren und nicht die erwartete Reaktion zu zeigen. Das bedeutet, dass Sie nicht auf Sticheleien einzugehen brauchen, sich weder rechtfertigen noch sonst irgendwie erklären müssen. Sie verfolgen aber auch nicht das Ziel, den anderen mundtot zu machen. Wenn Sie Ihre Antwort mit einem charmanten Lächeln kombinieren, macht diese Zugabe das Ganze umso verwirrender – Sie entfalten eine ganz andere Wirkung, als wenn Sie biestig dreinblicken. Denken Sie stets daran: Sie wollen den anderen nicht spüren lassen, ob und wie er Sie getroffen hat. Regel Nummer eins lautet daher: Die besten Konter werden von Ihrem freundlichsten Lächeln begleitet.

Regel Nummer zwei lautet: Spielen Sie nicht die beleidigte Leberwurst! Wenn Sie allzu viel Empfindlichkeit an den Tag legen, können Sie im Business leicht an Ansehen verlieren. Gerade heikle Situationen bieten Ihnen die Chance, Souveränität und Überlegenheit zu beweisen und dadurch Belastbarkeit zu demonstrieren. Die Reaktion auf einen unangemessenen Spruch offenbart nämlich stets interessante Teile der eigenen Persönlichkeit: Wer auf Angriffe extrem reagiert, dem sagt man nicht selten ein gering ausgeprägtes Selbstbewusstsein und wenig kommunikatives Geschick nach. Da greifen wir stattdessen doch lieber auf die folgenden raffinierten und subtilen Konterstrategien zurück, um das Gleichgewicht wiederherzustellen, und beweisen gleichzeitig ein positives Selbstwertgefühl.

Regel Nummer drei lautet: Verinnerlichen Sie, dass Sie selbstbewusst sind und sich behaupten können. Verabschieden Sie sich von Attitüden wie »Ich will immer freundlich und nett sein«, »Sich zu wehren bringt nichts« oder »Ich darf nicht so empfindlich sein«. Das neue Motto lautet: Doch, Sie dürfen und Sie sollen. Sie behaupten sich und sind selbstbewusst.

Es ist sehr wichtig, dass Sie lernen, an sich und Ihre Schlagfertigkeit zu glauben. Sollten Sie ins Zweifeln geraten, überzeugen Sie sich selbst, indem Sie sich die folgenden Parolen vorgeben:

- »Ich darf Ecken und Kanten haben und zeigen.«
- »Ich will und ich kann schlagfertig sein.«
- »Ich wehre mich und verschaffe mir dadurch Respekt.«
- »Indem ich anderen auf gleicher Augenhöhe begegne, werden meine Beziehungen zu den Mitmenschen immer besser.«

Wann Sie nicht kontern können

Auch wenn es nicht am »Können« fehlt: Nicht immer haben Sie die Möglichkeit, frei »von der Leber weg« zu kontern. Stellen Sie sich zum Beispiel vor, dass Sie sich als Rednerin mitten in einem Vortrag befinden. Gerade legen Sie schlüssig eine Argumentationskette vor. Das Themengebiet ist schwierig, aber erklärbar ... wäre da nicht der Zuhörer aus der ersten Reihe. Er unterbricht Sie regelmäßig, während Sie immer angestrengter versuchen, Ihre Argumente zu erklären und zu verteidigen. Es stellt sich die Frage, wie frau mit solchen Unterbrechungen geschickt umgeht. Natürlich dürfen Sie nicht zulassen, dass Ihre Autorität als Vortragende untergraben wird. Also müssen Sie den Störenfried souverän und freundlich in seine Schranken weisen. Wenn Sie ihn zu grob zurechtweisen, besteht die Gefahr, dass Sie als ertappt oder genervt gelten und dass sich die Zuhörer womöglich auf »seine Seite« schlagen. Wenn Sie zulassen, dass der Gegner mit seinen Bemerkungen durch Ihre Ritterrüstung dringt, reagieren Sie schnell emotional: Ihre Stimme wird lauter, der Tonfall schriller und Sie verlieren Ihren roten Faden. Der Störenfried hingegen steht ruhig wie ein Fels in der Brandung da und hat Ihnen den Schwarzen Peter zugeschoben. Sie müssen nun sehen, wie Sie sich aus dem emotionalen Würgegriff befreien und zu einer sachlichen Diskussion zurückfinden.

Gekonnt argumentieren

Sehen wir uns also einmal genauer an, worauf es bei einer guten Argumentationstechnik ankommt. Das Wort Argument hat einen lateinischen Ursprung und bedeutet so viel wie Beweismittel oder Beweisgrund. Am Ende einer Argumentationskette steht eine bestimmte Schlussfolgerung.

Damit Ihren Zuhörern diese Schlussfolgerung einleuchtet, sind zwei Faktoren von Bedeutung: Zum einen müssen Ihre Argumente zutreffend sein. Zum anderen müssen Sie die Argumente wirkungsvoll einsetzen. Wirkungsvoll einsetzen können Sie Ihre Begründungen aber nur dann, wenn man Sie ausreden und erklären lässt. Gekonntes Argumentieren erfordert daher einige Regeln. Wenn Sie diese Grundsätze befolgen, minimieren Sie die Wahrscheinlichkeit, dass man Ihnen mit unpassenden Bemerkungen »in die Quere kommt«:

- Überdenken Sie im Vorfeld mögliche Gegenargumente Ihres Gesprächspartners oder Ihrer Zuhörer.
- Präsentieren Sie Ihr stärkstes Argument als letztes und Ihr zweitstärkstes als erstes in einer Kette.
- Bauen Sie Argumente aufeinander auf und überfordern Sie Ihre Gesprächspartner nicht, indem Sie zu viele Begründungen auf einmal präsentieren. In den seltensten Fällen geben die Zuhörer zu, dass sie nicht mehr folgen können, sondern urteilen Ihre Beweiskette als unlogisch ab.

Tipp

Wenn Sie auf eine störende Bemerkung reagieren und entsprechende Ausführungen folgen lassen wollen, so empfiehlt es sich, den Störenfried folgendermaßen ins Abseits zu stellen: Hören Sie sich seinen Einwand an. Überlegen Sie genau, um wen es sich handelt. Ist es der Chef oder der Kunde, können Sie ihn natürlich nicht so einfach ins Leere laufen lassen. In allen anderen Fällen gehen Sie auf den Einwand ein, indem Sie Ihre Argumente erneut zielgerichtet platzieren, das Gesagte wiederholen und weiter ausführen. Meiden Sie bei Ihren Erklärungen den Blickkontakt zum Störenfried und reden Sie mindestens eine Minute – im Idealfall noch länger – weiter. Suchen Sie den Blickkontakt zu den Leuten, die mit dem Kopf nicken und Sie bestätigen. Wenn Sie eher als nach 60 Sekunden den Blickkontakt zum Störer aufnehmen, fühlt sich dieser meist aufgefordert, erneut in die Diskussion einzusteigen. Genau das wollen Sie jedoch nicht. Grundsätzlich gilt daher: Laden Sie den anderen nicht durch einen längeren Blickkontakt dazu ein, das Rededuell fortzuführen!

Stellen Sie den Störenfried ins Abseits!

Taktik »Ausweichen«

Unsere größten Erlebnisse sind nicht unsere lautesten, sondern unsere stillsten Stunden.
Jean Paul (1763–1825), deutscher Schriftsteller

Lassen Sie den Angreifer ins Leere laufen!

Wahrscheinlich haben Sie sich dieses Buch gekauft, damit Sie nie wieder sprachlos sind. Nie wieder wollen und sollen Sie wortlos zurückbleiben und den Sprücheklopfer seinen Triumph auskosten lassen. Sie träumen von einer pfiffigen, genialen, humorvollen, wortreichen Erwiderung, einem siegreichen Abgang und einem fassungs- und vor allem sprachlosen Gegenüber. Und nun das: Ich schlage Ihnen ernsthaft vor, bei einem fiesen Konter stumm zu bleiben und den anderen ohne Worte ins Leere laufen zu lassen. Das entspricht auf den ersten Blick vermutlich ganz und gar nicht Ihren Vorstellungen und Sie sehen Ihren Traum zerplatzen. Doch bevor Sie entscheiden, lieber zu einer anderen Technik weiterzublättern, bedenken Sie bitte Folgendes: Schlagfertigkeit hat nicht immer damit zu tun, dass frau zur verbalen Gegenwehr ansetzt. Sie können auch schlagfertig reagieren, indem Sie die Bemerkung des anderen schlicht und ergreifend ignorieren. Oftmals ist eine verbale Attacke keine intelligente Offenbarung – warum also sollten Sie sich mit Ihrer Reaktion besondere Mühe geben und Ihre kleinen grauen Zellen auf Hochtouren laufen lassen?

> Denken Sie stets daran: Das oberste Gebot der Schlagfertigkeit lautet, den anderen zu überraschen. Durchbrechen Sie die Erwartungshaltung des Sprücheklopfers – zum Beispiel indem Sie bewusst gar nichts sagen. Und vor allem gilt: Rechtfertigen und erklären Sie sich niemals für Ihre »Antwort« oder wegen der in der Attacke enthaltenen Andeutungen!

Eine Bemerkung zu ignorieren ist übrigens insbesondere dann sinnvoll, wenn Sie sich gar nicht sicher sind, ob überhaupt ein

Angriff vorliegt. Vor einigen Wochen zum Beispiel haben Sie einen alten Freund und seine neue Freundin zum Abendessen eingeladen. Sie sind vielleicht keine begnadete Köchin, aber Sie haben viel Mühe und Zeit investiert, um ein leckeres Menü zu zaubern. Nun hören Sie, wie die neue Freundin bei einem anderen Treffen erzählt, wie furchtbar sie es findet, dass man überall nur noch Rucola serviert bekommt. »Als gäbe es nichts anderes mehr. Und das Zeug schmeckt wirklich bitter. So etwas kann man seinen Gästen eigentlich nicht anbieten.«

War das nun ein Seitenhieb auf den von Ihnen als Vorspeise servierten Rucola? Oder einfach nur ein gedankenloses Versehen, so etwas in Ihrer Gegenwart zu sagen? Meist stellt sich heraus, dass die Menschen nicht tiefgründig böse und gemein sind. Sie sind wirklich nur ins Small-Talk-Fettnäpfchen getreten und haben bei der Themenwahl ordentlich danebengelegen. Was soll's – da stehen Sie souverän drüber!

Kein Anschluss unter dieser Nummer

Wenn Sie Ihr Gegenüber verbal ins Leere laufen lassen, so signalisieren Sie, dass es der Angriff nicht wert ist, darauf zu reagieren, zum Beispiel weil Sie etwas Wichtigeres zu tun haben. Dieses bewusste Stummsein hat nichts mit der unfreiwilligen Sprachlosigkeit zu tun, die Sie bislang erlebt haben. Jetzt entscheiden Sie sich bewusst dafür, nicht zu antworten – obwohl Sie anders könnten, da Ihnen ja bald zahlreiche raffinierte Schlagfertigkeitstechniken bekannt sein werden. Manchmal gilt tatsächlich das Motto: Der Klügere gibt nach …

Um den Gegner ins Leere laufen zu lassen, stehen Ihnen die folgenden Möglichkeiten zur Auswahl:

- Auf Durchzug schalten
- Durch Gestik und Mimik sprechen
- Sagen, dass Sie nichts sagen

Auf Durchzug schalten

Ein Sprichwort sagt: »In der Stille gibt es kein Drama.« Wenn Sie auf Durchzug schalten, dann tun Sie einfach so, als hätten Sie die Bemerkung des anderen gar nicht wahrgenommen. Stellen Sie sich vor, Sie seien im Urlaub oder bei einem schönen Abendessen oder Sie seien gar schwerhörig. In jedem Fall pfeift der Angriff an Ihnen ungehört vorbei. Schlägt der Sprücheklopfer bei einem Vortrag oder einer Präsentation zu, so halten Sie nicht inne, sondern bleiben bei Ihren Ausführungen. Fällt der dreiste Spruch im Vorbeigehen, setzen Sie Ihren Weg ungerührt fort – und zwar ganz ohne dem anderen Aufmerksamkeit, zum Beispiel in Form von Blickkontakt, zukommen zu lassen. Achten Sie hierbei insbesondere auf eine spannungs- und machtvolle Körperhaltung: Hoch erhobenen Hauptes gehen Sie weiter Ihres Weges. Achten Sie gegebenenfalls auf Ihr Lauftempo; im Zweifelsfall werden Sie nicht schneller, sondern langsamer. Schließlich haben Sie es ja nicht eilig. Warum auch!?

STOP Auch wenn es schwerfällt: Widerstehen Sie der Versuchung, später doch noch eine Retourkutsche zu servieren. Dadurch würden Sie zum einen signalisieren, dass Sie die Bemerkung des anderen sehr wohl wahrgenommen haben, und zum anderen offenbaren, dass Sie sich eine ganze Zeit lang mit seinen Worten beschäftigt und nun endlich einen Weg gefunden haben, um zurückzuschlagen. Das haben Sie selbstverständlich nicht nötig!

Schweigen ist stark

Bedenken Sie, dass es sich beim »Durchzug« um ein bewusstes und gewolltes Schweigen handelt. Es ist daher keineswegs vergleichbar mit dem ohnmächtigen Schweigen mangels Alternativen. Es ist nicht vergleichbar mit den früheren Situationen, in denen Ihnen einfach nichts einfiel. Dennoch wird das Schweigen als Schlagfertigkeitsstrategie von den meisten Seminarteilnehmern und Leserinnen leider nicht wirklich geliebt. Ich führe das darauf zurück, dass sie mit dem Nichtssagen das alte ungute Gefühl verbinden und sich beim bloßen Gedanken daran automatisch unwohl fühlen. Ich werde trotzdem nicht müde, zu betonen: Das absichtliche Schweigen kann Ihnen viel Last von den Schultern nehmen und manchmal ist es ohnehin einfach klüger, den Mund zu halten. Zum Beispiel:

- Wollen Sie wirklich mit Ihrer Schwiegermutter darüber diskutieren, »ob früher alles besser war«?
- Ist es nicht ziemlich egal, ob Ihnen der ältere Mann am Nebentisch in die Kindererziehung reinreden will?
- Ihre Kollegin beschwert sich bei Ihnen darüber, dass Sie ihr den Brückenurlaubstag weggeschnappt haben? Na und?
- Ihre Nachbarin meint, Sie müssten mal wieder den Rasen mähen oder Laub einsammeln?

Cui bono?

Und was tun Sie? Sie lässt das Ganze kalt wie eine Hundeschnauze. Sie schweigen. Oder besser gesagt: Sie schweigen den anderen professionell nieder. Und das Beste daran: Sie ärgern sich nicht darüber, dass Sie nichts sagen, sondern sind stolz auf sich, dass Sie den Mund gehalten haben. Manche Bemerkungen sind einfach zu banal, als dass frau sich darauf einlassen sollte. Denn eines können Sie sich von vornherein abschminken: Ihr Gegenüber wird nicht einlenken. Ihre Nachbarin wird nicht sagen, dass Ihr Rasen auf den zweiten Blick ganz wunderbar aussieht. Ihr Tischnachbar wird Ihre Kinder nicht plötzlich als süß und wohlerzogen loben. Ihre Schwiegermutter wird nicht von heute auf morgen finden, dass es entscheidend ist, im JETZT zu leben und die alten Zeiten nicht mehr zu verklären. Was also wollen Sie mit einer Diskussion erreichen? Da das Ergebnis ohnehin unbefriedigend ausfallen wird, würde es Sie nur Kraft kosten. Und die sollen Sie ab sofort in bessere Dinge investieren!

Als wäre das nicht schon überzeugend genug: Manchmal bekommen Sie sogar noch ein Sahnehäubchen obendrauf gesetzt. Wenn ein dreister Spruch so unkommentiert stehen bleibt, wirkt er nach. Und das ist in diesen Fällen prima. Denn häufig wird erst dann besonders deutlich, wie unqualifiziert die Bemerkung gewesen ist.

Womit wir wieder beim Thema wären: Die Klügere gibt nach. Herzlichen Glückwunsch.

Durch Gestik und Mimik sprechen

Statt dem anderen absolut keine Aufmerksamkeit zukommen zu lassen, dürfen Sie nun durch Gestik und Mimik sprechen. Zwar bleiben Sie nach wie vor stumm und antworten nicht mit Worten auf den Angriff. Durch Ihre Körpersprache signalisieren Sie jedoch, dass Sie die Attacke durchaus gehört haben. Ob Sie diese allerdings als unangemessen empfunden haben, lassen Sie offen.
So geht's: Nehmen Sie Blickkontakt zu dem Angreifer auf. Dadurch machen Sie deutlich, dass Sie seine Worte gehört haben. Nun ist es Ihre Aufgabe, erneut die Erwartungshaltung zu durchbrechen. Das bedeutet: kein nervöses Augenzwinkern, keine Erklärungen, keine Rechtfertigungen, keinerlei Unsicherheiten zeigen. Sie werden sich zu Recht fragen, wie frau durch bloßes Einsetzen der Körpersprache Erwartungshaltungen durchbrechen kann. Ganz einfach – zum Beispiel folgendermaßen:

- Sehen Sie den Sprücheklopfer mit großen Augen an – ganz so, als würden Sie vor einem neuen Weltwunder oder einem seltenen Tier im Zoo stehen. Was für ein Erlebnis!
- Nicken Sie dem Angreifer höchst freundlich zu – vergleichbar mit dem wortlosen Grüßen aus der Ferne.
- Sehen Sie Ihr Gegenüber selbstbewusst an und zeigen Sie absolut keinerlei Regung.
- Schreiben Sie die Bemerkung auf ein Blatt Papier oder lächeln Sie vor sich hin – als wäre Ihnen soeben etwas unheimlich Wichtiges klar geworden.

Im Anschluss gehen Sie einfach zur Tagesordnung über, als hätte es nie eine Unterbrechung gegeben. Optimal ist, wenn es Ihnen gelingt, nach Ihrem stummen Konter das Wort zu ergreifen. Sie demonstrieren dadurch Stärke, übernehmen die Gesprächsführung

STOP Bei all diesen Reaktionen gilt: Sagen Sie keinen einzigen Ton und erklären Sie Ihre Reaktion weder jetzt noch später (was sollten Sie auch sagen!?). Mutieren sie jedoch nicht zum Pantomimen, der alle körpersprachlichen Reaktionen in Folge zeigt. Jede unsachliche Bemerkung hat nur eine einzige Reaktion verdient. Sonst sieht das Ganze womöglich doch etwas wunderlich aus …

und bestimmen die Richtung. Hier bietet sich ein totaler Themenwechsel an – natürlich wollen Sie nicht über die unsachliche Bemerkung oder deren Ursprung diskutieren. In der Folge meiden Sie während der ersten Minute Ihrer verbalen Ausführungen Blickkontakt zum Gegenüber. Intensiver Blickkontakt fordert leicht dazu auf, doch noch einen weiteren (unsachlichen) Kommentar draufzusetzen.

Sagen, dass Sie nichts sagen

Die beiden letztgenannten Techniken hatten gemein, dass Sie nicht mit einer Silbe Stellung zur Bemerkung Ihres Gegenübers genommen haben. Das ändert sich nun: Jetzt sagen Sie dem Sprücheklopfer, dass Sie nichts sagen. Auch hier gilt, dass Sie durch dieses Verhalten ganz wunderbar die Erwartungshaltung des anderen durchbrechen können. Denn wie oft kommt jemand auf die Idee, zu sagen, dass er nichts sagt? Meiner Erfahrung nach selten.

Wenn Sie sagen, dass Sie nichts sagen, dann erklären sie Ihrem Gesprächspartner, dass Sie seine Anspielung oder seine unpassende Bemerkung nicht kommentieren werden. Wow, das kann nur jemand mit wahrer Größe sagen! Indem Sie keinen wirklichen Kommentar abgeben, lassen Sie den Sprücheklopfer im Regen stehen. Erneut signalisieren Sie, dass die Worte es nicht wert sind, Mühe und Zeit zu verschwenden. Daher werden Sie nicht weiter darauf eingehen. Basta – und sehr clever.

Nur keine Angst zeigen

So geht's: Sie müssen deutlich machen, dass Sie die stärkere Person im Rededuell sind. Sie entscheiden, dass die Diskussion beendet ist, bevor sie so richtig begonnen hat. Das bedeutet, dass Sie gleichzeitig eine starke Körpersprache an den Tag legen und insbesondere den Blickkontakt zum Gegenüber halten müssen. Ihre Stimme ist ruhig, eher tief und wackelt nicht. Sie lassen keinen Zweifel daran, wer jetzt – im wahrsten Sinne des Wortes – das Sagen hat! Mögliche Formulierungen lauten:

- »Sie haben Glück. Ich werde Ihre Bemerkung einfach überhören.«
- »Zu dieser Bemerkung werde ich bestimmt nichts sagen.«
- »Ach wissen Sie: Ihr Kommentar hat nach reiflicher Überlegung meine Antwort nicht verdient.«
- »Sie erwarten sicher nicht, dass ich dazu Stellung beziehe.«

Tipp Durch Schweigen kann man sehr gut größere und aufgeregt durcheinander schnatternde Gruppen beruhigen. Sie sind Lehrerin und stehen täglich vor lauten Schulklassen? Das Schweigen kann sehr dominant werden, je länger es andauert. Sicher haben Sie schon die Erfahrung gemacht, dass Ihre tonlose Stille besser wirkt, als wenn Sie Ihre Schüler zu übertönen versuchen. Gleiches gilt für vergleichbare Aufgaben, Funktionen und Berufe: Sie sind Teamleiterin und Ihre Mannschaft diskutiert wild durcheinander? Ziehen Sie sich verbal zurück und wirken Sie durch eine starke Körpersprache: Die Ruhe wird schneller einkehren, als Sie sich vorstellen können.

Ein Hoch auf das Schweigen

Den anderen niederzuschweigen ist insbesondere dann eine empfehlenswerte Schlagfertigkeitstechnik, wenn Sie noch unerfahren auf diesem Gebiet der Rhetorik sind. Sie sollten sich anfangs nicht zu hohe Ziele setzen. Durch eine zu große Erwartungshaltung machen Sie sich Stress, und wie wir bereits wissen, macht Stress leider dumm. Umso schwerer fällt es Ihnen, eine pfiffige Erwiderung parat zu haben. In der Folge sind Sie erneut frustriert und enttäuscht, weil Ihnen – obwohl Sie in der Zwischenzeit dieses Buch intensiv studiert haben – nichts Gescheites eingefallen ist. Nutzen Sie die einfachen Strategien, zum Beispiel das Niederschweigen, um sich noch mehr Selbstbewusstsein anzutrainieren und die Erfahrung zu machen, dass Sie souverän und gelassen mit diesen heiklen Situationen umgehen können.

Taktik »Eine Auszeit nehmen«

Kennen Sie die erfolgreiche amerikanische Fernsehserie »Desperate Housewives«? Die Vorzeigehausfrauen aus der »Wisteria Lane« sind wahre Schlagfertigkeitsexperten und scheuen sich nicht davor, ihren Freundinnen die scharfen Kommentare nur so um die Ohren zu hauen. In der fünften Staffel sagt die wunderliche Mrs. McClusky zu ihrer Nachbarin Edie Britt »Gehen wir zur Mammographie oder wirklich nur etwas trinken?«, als diese das Geburtstagskind Mrs. McClusky in einem gewagt ausgeschnittenen Kleid auf einen Cocktail einladen möchte. Ihnen fällt gerade keine schlagfertige Erwiderung auf einen solchen Angriff ein? Tja, da sind Sie in guter Gesellschaft. Edie Britt musste auch stumm drüberstehen …

Cleverer Umgang mit dem Faktor Zeit

Kennen Sie den Song »Time is on your side« von Earth Wind & Fire? Den sollten Sie ab sofort zu Ihrer neuen Hymne machen. Falls Ihnen der Songtext nicht mehr so ganz präsent ist – schließlich ist der Hit ja schon ein paar Jahre alt – anbei ein Auszug:

> Time is on your side
> No more need in running
> No more need to hide
> No more need to cry
> …
> Now it's up to you
> It's all up in your head
> What ya gonna do
> Bring yourself true

In leichter Abwandlung bedeutet das: Sie dürfen sich zum Kontern »Zeit« nehmen. Und zwar so viele Minuten, Stunden oder Tage, wie Sie brauchen und wollen! Diese Taktik des »Auszeitnehmens« oder »Abwartens« ist äußerst effektiv und zugleich recht einfach zu handhaben. Sie ist immer dann geschickt, wenn Sie gerade keinen raffinierten Konter auf der Zunge haben, aber die zuvor erläuterte Taktik des »Ausweichens« nicht mehr einsetzen können. Zum Beispiel weil Sie dem Gesprächspartner schon Aufmerksamkeit geschenkt haben und es somit leider zu spät ist, um ihn komplett ignorieren zu können. Praktischerweise halten die meisten Menschen eine Gesprächspause nicht lange aus. Es kann also gut sein, dass Ihr Gegenüber sich verpflichtet sieht, seinen Kommentar zu rechtfertigen oder zu erklären. Es ist allerdings schwierig, einen dreisten Angriff vernünftig zu erläutern, und mit ein bisschen Glück demontiert sich der Sprücheklopfer dabei selbst.
So geht's: Nehmen Sie sich die Zeit für Ihre Antwort, die Sie brauchen. Atmen Sie tief ein und aus. Denken Sie daran, wie wichtig es jetzt ist, nicht die Luft anzuhalten. Das wäre die sicherste Methode, jeglichen Gedankenblitz zu unterbinden. Sie haben nun verschiedene Möglichkeiten, sich eine Auszeit zu verschaffen:

Ein anderes Mal antworten

»Wir sprechen uns nächsten Donnerstag«

Sie sagen ganz offen, dass Sie Ihrem Gegenüber ein anderes Mal antworten werden. Dieses »andere Mal« ist reichlich vage, weil Sie hierbei von »nächsten Donnerstag«, »nächster Woche« oder »übermorgen Abend« sprechen. Alle diese Termine sollten keinen Bezug zum Sprücheklopfer haben. Gerade weil Sie sich laut Terminplan *nicht* in der nächsten Woche oder übermorgen Abend zusammensetzen werden und eben *kein* Gespräch führen werden, wird zum einen der ironisch mitschwingende Charakter deutlich und zum anderen die Erwartungshaltung des anderen durchbrochen.

Angriff: »Ihre Präsentation war ja ein kompletter Reinfall!«
Erwiderung: »Sie werden sicher verstehen, dass ich darauf im Augenblick nicht antworten kann und werde. Könnten Sie mich kommenden Montag noch einmal darauf ansprechen?«

Keine Angst! Dass der andere Sie am kommenden Montag wirklich darauf anspricht, ist reichlich unwahrscheinlich. Und falls doch? Kontern Sie doch, wie auf den folgenden Seiten vorgestellt, mit einem unpassenden Sprichwort!

Danke sagen, es aber nicht wirklich meinen

»Danke …«

Ebenso können Sie den Angriff zwar wahrnehmen, ihm aber keine weitere Bedeutung zumessen. Diese Vorgehensweise ist der Durchzug-Technik ähnlich. Zwar überhören Sie den Einwand hier nicht vollkommen, sondern gönnen dem Sprücheklopfer ein kleines bisschen Aufmerksamkeit, gehen aber trotzdem nicht weiter auf seinen Kommentar ein:

Angriff: »Das sind doch nur Hirngespinste.«
Erwiderung: »Danke für Ihren Beitrag. Wir waren gerade beim Thema Akquisition …«

Mit Geduld und Spucke zum Ziel

»Gedulden Sie sich noch einen Moment«

Manchmal schießt jemand mit Worten quer, obwohl er noch gar nicht die ganze Geschichte kennt. Während Sie noch von einer Autofahrt erzählen, bei der Sie sich mehrfach trotz Navigationssystem verfahren und verirrt haben, schlägt Ihr Gegenüber schon mit dem schlauen Spruch »Ja, ja, Frauen und Technik« zu. Zum Zeitpunkt seines Kommentars haben Sie noch gar nicht die Pointe Ihrer Story zum Besten gegeben, nämlich dass es an diesem Tag einen teilweisen Satellitenausfall gegeben hat, dass sich so mancher Autofahrer verfahren hat und Sie bei Ihrer Irrfahrt also in bester – und zum Teil auch männlicher – Gesellschaft waren. In diesen Fällen bitten Sie simpel um etwas Geduld:

Angriff: »Frauen und Technik: Immer wieder die alte Leier.«
Erwiderung: »Halt, halt … gedulden Sie sich bitte noch einen Augenblick. Ich fürchte, Sie müssen die Äußerung sonst zurücknehmen. Ich verspreche Ihnen: Das Beste an der Geschichte kommt noch.«

In der Ruhe liegt die Kraft

Ist an einer eingeworfenen Bemerkung womöglich etwas Wahres dran? Oder können Sie das zumindest nicht völlig ausschließen? Vielleicht lohnt es sich, doch noch mal über den Kommentar nachzudenken. Wenn sich herausstellt, dass die Anspielung des anderen nicht ganz von der Hand zu weisen ist, kommen Sie später noch einmal auf ihn zu, um die neuen Erkenntnisse mit ihm zu besprechen. Dann am besten unter vier Augen.

Angriff: »Worauf gründet denn diese Zahl? Dieses Umfrageergebnis ist mir ganz neu und kommt mir auch nicht sehr realistisch vor.«
Erwiderung: »Ich habe diese Zahl aus den Dokumenten der Steiner-Umfrage entnommen und werde die Einzelheiten gern noch einmal genau prüfen. Mir ist bewusst, dass das ein wichtiger Ausgangswert ist.«

Taktik »Missverständnis«

Leider falsch gedacht …

Eine weitere Ausweich-Taktik ist das absichtliche Missverstehen Ihres Angreifers. Sie können dabei sowohl Worte als auch Situationen falsch verstehen, um Ihren Gegner zu verwirren. Allerdings müssen Sie ihn so deutlich missverstehen, dass er unsicher wird, ob Ihre Antwort nun Absicht war oder ob Sie seine Bemerkung wirklich so extrem falsch gedeutet haben. In jedem Fall tritt der von Ihnen gewünschte Erfolg ein: Der Sprücheklopfer wird seinen Ausspruch nicht wiederholen. Beim zweiten Mal klingt das Ganze nämlich schon nicht mehr so wagemutig und frech. Außerdem weiß er ja beim besten Willen nicht, wie wortgewandt Sie auf eine Wiederholung reagieren – ein leichter und sicherer Sieg scheint nun definitiv nicht mehr möglich zu sein. Sie haben sich als zäher entpuppt, als ursprünglich erwartet, und der andere kann ab sofort nicht mehr sicher sein, ohne eigene Blessuren davonzukommen.

Jeden Tag eine gute Tat

Durch das absichtliche Missverstehen tun Sie übrigens ein gutes Werk. Sie lenken das Gespräch nämlich auf eine nicht aggressive und neutrale Ebene zurück. Erneut zeigen Sie in keiner Weise – auch nicht durch die Körpersprache –, dass Sie einen Angriff wahrgenommen haben. Daher müssen Sie sich auch nicht in eine Verteidigungsstellung begeben. Obwohl Sie insgeheim natürlich ganz genau registriert haben, dass der andere Sie unfair angegriffen hat, tun Sie (immer schön freundlich!) so, als hätte er Sie zum Beispiel um einen Rat gefragt. Und das ist ja nun wirklich nett, oder!?

So geht's: Gemeinhin verstehen die Menschen unter Schlagfertigkeit das Spiel mit den Worten und deren Bedeutungen. Zum Beispiel: Ein junger Mann möchte eine Freundin besuchen. Als er an der Haustür klingelt, öffnet ihm eine Mitbewohnerin. Als er nach seiner Freundin fragt, antwortet sie ihm: »Die ist längst ausgezogen.« Daraufhin sagt der junge Mann: »Ach, das macht nichts. Vor mir geniert sie sich nicht.« Das Wort und die Situation »ausziehen« wurde in diesem Beispiel also ganz unterschiedlich gedeutet. Ob das bewusst oder nicht geschah, bleibt offen und unserer ganz persönlichen Einschätzung überlassen.

Die Taktik lautet daher folgendermaßen: Beim absichtlichen Missverstehen knüpfen Sie an die Worte Ihres Angreifers an, indem Sie ein einzelnes Wort oder eine ganze Situation herausgreifen und komplett umdeuten.

Wie Sie Situationen missverstehen und umdeuten

Im obigen Beispiel wurde eine Situation unterschiedlich gedeutet. Das Gleiche geschieht in dem folgenden Dialog:

Angriff: »Wenn ich mir Ihr Konzept genauer ansehe, dann sehe ich viele schöne Bilder und weitaus weniger Inhalt.«
Erwiderung: »Also gut, dann lassen wir das nächste Mal ein paar Bilder weg.«

Logisch wäre es, wenn die Antwortende auf die aufgeworfene Frage bezüglich des Inhalts eingegangen wäre. Tut sie aber nicht. Stattdessen verstärkt sie, was bemängelt wurde, und verzichtet in Zukunft im Konzept auf das, was wortwörtlich gelobt wurde. Sie hat dadurch die Situation komplett umgedeutet.
Ein weiteres Beispiel könnte lauten:

Angriff: »Na, was haben Sie denn heute wieder für eine tolle Frisur!«
Erwiderung: »Danke, ich finde auch, dass mir dieser Haarschnitt besonders gut steht. Es freut mich, dass er Ihnen ebenfalls gefällt.«

Auch hier wurde die ursprünglich sarkastisch gemeinte Bemerkung positiv umgedeutet. Daher gibt es keinerlei Grund, sich zu rechtfertigen, zu erklären oder zu beteuern, dass man bei einem total angesagten Frisör war oder mit der Mode gehen möchte.

Wie Sie Worte missverstehen

Spritzig – witzig, toll – voll, klein – kein, Tisch – Fisch, gehen – sehen, kauen – trauen … es gibt zahlreiche Wörter, die sich phonetisch ähnlich sind und vollkommen unterschiedliche Bedeutung haben. In diesem Fall brauchen Sie erst gar nicht die Situation umzudeuten, sondern können sich auf das einzelne Wort stürzen. Zum Beispiel:

Angriff: »Sie sind ja witzig.«
Erwiderung: »Spritzig? In diesem Zusammenhang? Verstehe ich nicht …«

Hier gilt: Entdecken Sie Ihr schauspielerisches Talent und schütteln Sie bei Ihrer fragenden Erwiderung ungläubig, verwundert und verwirrt den Kopf. Ergreifen Sie im Anschluss das Wort und schieben Sie nach Möglichkeit einen Themenwechsel ein. Meiden Sie in den folgenden 90 Sekunden den Blickkontakt zu Ihrem Angreifer. Durch eine erneute Kontaktaufnahme per Blick könnte er sich aufgefordert fühlen, Ihnen seine Bemerkung zu erläutern. Das wollen Sie natürlich nicht. Erst nachdem circa 90 Sekunden vergangen sind, haben Sie alles wieder voll im Griff!

Taktik »Richtungswechsel«

Bei den vorangegangenen Ausweich-Taktiken haben Sie nicht viel Mühe investieren müssen, um den Angreifer auszuschalten. Sie haben seine Bemerkung weitestgehend ignoriert. Diese Technik bietet sich an, wenn Sie gerade keine Zeit haben, auf einen Angriff zu reagieren – zum Beispiel weil Sie mitten in einem Vortrag stecken oder weil andere wichtige Leute in das Gespräch einbezogen sind und Sie keine Entscheidungsschlacht riskieren wollen.

Natürlich gibt es noch weitere raffinierte Möglichkeiten, um einen Sprücheklopfer in seine Schranken zu weisen. Eine entscheidende Rolle spielt auch hierbei wieder das Überraschungsmoment. Ihr Gesprächspartner hat Sie bewusst verbal attackiert und nun wartet er genüsslich ab, wie seine Worte bei Ihnen ankommen. Sein Ziel ist klar: Er möchte, dass Sie den roten Faden verlieren, ärgerlich werden, sich erklären, rechtfertigen oder das letzte Wort gleich ganz ihm überlassen. Aber da hat er die Rechnung ohne Sie gemacht! Denn Sie reagieren vollkommen anders und vor allem ganz und gar nicht erwartungsgemäß …

Das Gesprächsthema abrupt wechseln

Bei der hier beschriebenen Taktik des Richtungswechsels hören Sie die Bemerkung des anderen, gehen aber nicht darauf ein. Auch verraten Sie mit keinem Wimpernzucken, dass Sie die Worte Ihres Gegenübers überhaupt als Angriff empfunden haben. Somit kann der andere nicht einmal wissen, ob Sie seinen Spruch »richtig«

verstanden haben. Im Unterschied zur Ausweich-Taktik knüpft Ihre Antwort nun aber nicht an das bisherige Gesprächsthema an, sondern wechselt es abrupt und rigoros. Je extremer, umso besser. Indem Sie durch einen mutigen Themenwechsel den Gesprächsverlauf in eine komplett andere Richtung lenken, begeben Sie sich in eine starke Position. Sie manifestieren, dass Sie die Herrin des Gesprächsverlaufs sind: Sie entscheiden, über welches Thema Sie reden wollen und über welches nicht.

Natürlich macht es unter diesen Voraussetzungen einem Sprücheklopfer bald schon keinen Spaß mehr, sich mit Ihnen anzulegen. Statt klein beizugeben, haben Sie beachtliche Stärke und rhetorisches Geschick bewiesen und den Gesprächsverlauf in Ihre Hände genommen. Sie bieten sich als Opfer künftiger Attacken definitiv nicht mehr an. Dazu sind Sie einfach zu unberechenbar geworden.

z.B.

Frau Hahn hält eine PowerPoint-Präsentation vor Vorgesetzten und Kollegen. Während ihrer Erläuterungen verabschiedet sich plötzlich das an die Wand geworfene Beamer-Bild. Von der PowerPoint-Präsentation ist nichts mehr zu sehen. Frau Hahn hält sich ohnehin für technisch unbegabt und wird nun nervös. Sie hört auf zu reden, nestelt hektisch an den Kabeln herum und stottert: »Ach herrje, da weiß ich jetzt auch nicht so genau, was da los ist.« Ihr Kollege Herr Munter bemerkt sofort ironisch: »Ach, Sie wissen nicht so genau, was da los ist? Das kommt uns ja bekannt vor ... wie kommen Sie überhaupt darauf zu sagen, wir würden uns durch Ihre Maßnahmen von Wettbewerbern abgrenzen? Woher nehmen Sie diese Gewissheit? Beziehen Sie sich auf eine persönliche Wettbewerbsstudie?« Frau Hahn hat das Gefühl, sich rechtfertigen zu müssen, und erklärt sich mit den Worten: »Nun ja, sich abzugrenzen ist doch eigentlich immer das Ziel. Eine Wettbewerbsstudie habe ich jetzt nicht gemacht. Aber das war ja eigentlich auch nicht meine Aufgabe ...« Dank eines hilfreichen Kollegen erscheint das Beamer-Bild nun wieder klar und deutlich. Frau Hahn fährt mit ihrem Vortrag fort. Von ihrer einstigen Souveränität ist allerdings nicht mehr viel übrig. Sie hat den roten Faden verloren, verhaspelt sich und hinterlässt insgesamt eher einen »bemühten« als überzeugenden Eindruck.

Fast ist man geneigt, Herrn Munter zähneknirschend zu gratulieren. Sein Ziel, Frau Hahn aus dem Konzept zu bringen und fortan ein schlechtes Licht auf ihren Vortrag zu werfen, hat er erreicht. Derjenige, der eine unpassende Bemerkung fallen lässt, ist erst einmal in einer starken Position … wie ungerecht! Der Sprücheklopfer kann sich entspannt zurücklehnen und nun zusehen, wie sich der Getroffene in seiner misslichen Lage windet. Eine Möglichkeit, Frau Hahn auftrumpfen zu lassen, wäre die Schlagfertigkeitstechnik des Richtungswechsels gewesen. Die Richtung eines Gesprächs kann frau einfach ändern, indem sie abrupt ein anderes Gesprächsthema aufgreift.

Dreiste Sprüche einfach ignorieren

Durch einen solchen Richtungswechsel können Sie viele der dreisten Sprüche ganz einfach ignorieren. Sie lassen sich natürlich nicht anmerken, dass der Spruch Sie getroffen hat. Durch den von Ihnen initiierten Themenwechsel wird auch dem allerletzten Angreifer deutlich, dass Sie durch die Bemerkung keinesfalls sprachlos geworden sind. Im Gegenteil: Dank Ihrer angeregten Fantasie kamen Sie auf ein genial interessantes und brandneues Thema!

So geht's: Lassen Sie den Spruch an sich vorbeiziehen und schenken Sie ihm keinerlei Aufmerksamkeit. Stattdessen lenken Sie das Gespräch in eine ganz andere Richtung. Bei der Themenwahl sind Sie völlig ungebunden: Sie können über Hundefutter, das Wetter, die Größe des Besprechungsraums, Urlaubspläne oder die Vorzüge von Fertighäusern sprechen. Hauptsache, Ihr Thema ist harmlos und gleichzeitig vollkommen banal. Hauptsache, jeder kann einen verbalen Beitrag zum Thema leisten und Ihnen geht der Gesprächsstoff nicht aus. Widerstehen Sie dabei unbedingt der Versuchung, dem Angreifer ein aggressives Thema zu servieren, ihn runterzumachen oder sonst wie bloßzustellen – auf keinen Fall darf der Eindruck entstehen, Sie fühlten sich von seiner fiesen Bemerkung attackiert und beleidigt. Genau diese wunderbare Ungerührtheit offenbaren Sie mit einem unbedrohlichen und ungezwungenen Themenwechsel: Denn wer würde schon so nett plaudern, wenn er sich getroffen fühlt!?

Niemand kann Sie zwingen, ein bestimmtes Gesprächsthema aufzugreifen und fortzuführen. Und niemand kann Sie ohne Ihren Willen dazu bringen, auf eine Provokation einzugehen oder sich zu verteidigen. Ob und was Sie antworten, ist ganz allein Ihre Entscheidung! Vergessen Sie nicht: Dreiste Sprüche sind keine intelligenten Offenbarungen – warum also sollten Sie sich mit Ihrer Antwort viel Mühe geben? Investieren Sie Kraft, Energie und Grips stattdessen lieber in sinnvollere Dinge!

Themenwechsel können zum Beispiel folgendermaßen eingeleitet werden:

Themenwechsel

- »Apropos …«
- »Jetzt, wo Sie es sagen …«
- »Ich denke gerade darüber nach …«
- »Da fällt mir gerade ein …«

Auch wenn Sie einleitende Formulierungen wie »Jetzt, wo Sie es sagen« oder »Apropos« verwenden, bedeutet das nicht, dass Sie auf die Provokation eingehen. Ihr neues Thema steht in keinerlei Zusammenhang mit dem Angriff Ihres Gegenübers. Gerade deshalb verwirrt diese Einleitung umso mehr: Ganz automatisch sucht der Sprücheklopfer nach einem sinnvollen Zusammenhang zwischen seiner Bemerkung und Ihren Worten. Doch da gibt es überhaupt keine Parallelen zu finden … Sollten Sie an einen hartnäckigen Provokateur geraten sein, dann wiederholt dieser eventuell seinen Spruch oder macht Sie darauf aufmerksam, dass Sie das Thema gewechselt haben. Na und? Das ist ja schließlich Ihr gutes Recht!

Freuen Sie sich in diesen Fällen darauf, auf Ihr Schlagfertigkeitsrepertoire zurückgreifen zu können, und servieren Sie erneut einen Themenwechsel. Vielleicht mag Ihr Gegenüber dann an seiner deutlichen Aussprache oder an Ihrem Verstand zweifeln – soll er doch! Es schadet nicht, wenn mal andere ins Grübeln kommen!

Angriff: »Meine Güte, in diesem Kleid sehen Sie ja aus wie ein bunter Hund.«
Erwiderung: »Ich habe gestern mit Herrn Müller telefoniert. Er erzählte mir, dass die Verkaufszahlen ...«

Angriff: »Die Beule da an Ihrem Auto ist aber neu. Da haben Sie ja ziemlich übel ein Hindernis mitgenommen. Wohl Tomaten auf den Augen gehabt, was?«
Erwiderung: »Ach, wissen Sie, meine Gedanken sind gerade ganz woanders. Ich frage mich, ob wir das neue Projekt nicht am besten in Teamarbeit planen sollten ...«

Angriff: »Neue Haarfarbe? Ich würde an Ihrer Stelle überlegen, den Frisör zu verklagen ...«
Erwiderung: »Wo Sie gerade das Stichwort Klage erwähnen. In der Rechtsabteilung ist man der Meinung, wir sollten die Streitigkeit mit der Zulieferfirma vor Gericht klären ...«
Erwiderung: »Ich frage mich, wann die Zugvögel wieder aus dem Süden zurückkehren. Gestern erst habe ich einen Film über Störche gesehen ...«
Erwiderung: »Ich freue mich schon auf den Frühling. Tulpen sind mit Abstand meine Lieblingsblumen und dabei so pflegeleicht. Wenn man sie in Eiswasser stellt ...«
Erwiderung: »Wo Sie gerade davon sprechen. Jetzt sind schon wieder drei Monate des neuen Jahres um. Wie schnell die Zeit vergeht, bald schon ...«

To do

Angriff: »Wird man hier jetzt fürs Nichtstun bezahlt?«
Schlagfertigkeitsstrategie: Richtung ändern
Möglichkeit: Gesprächsthema wechseln. Sie verraten mit keinem Wimpernzucken, dass Sie die Worte Ihres Gegenübers als Angriff empfunden haben. Sie reagieren vollkommen anders, als der Angreifer es von Ihnen erwartet. Sie lassen sich nicht provozieren, rechfertigen sich nicht, sondern wechseln das Thema, zum Beispiel: »Ich frage mich, wann der Umzug in unser neues Bürogebäude stattfinden wird.«
Wie lauten Ihre Strategie und die konkreten Worte? Notieren Sie diese schriftlich:

____

____

____

Taktik »Verwirrung«

Wer Blech, Quark, Mist oder Müll redet, der sollte sich nicht wundern, wenn frau es ihm mit gleicher Münze heimzahlt. Eine dreiste Bemerkung ist, wie wir bereits festgestellt haben, keine intellektuelle Glanzleistung. Also ist es überhaupt nicht notwendig, in die Reaktion viel Weisheit zu legen. Ihre Ziele lauten,

- den Angreifer zu verwirren, um sich als Zielobjekt dadurch unberechenbar zu machen,
- sich mit der Antwort nicht zu rechtfertigen oder zu erklären und
- im Idealfall die Lacher auf Ihre Seite zu ziehen.

Die Verwirrung ist komplett, wenn Sie »Müll« mit »Müll« beantworten. Neben dem frisch entstandenen gedanklichen Durcheinander Ihres Gegenübers nehmen Sie auf diese Art und Weise das Gespräch in die Hand und befreien sich aus einer unangenehmen Situation. Eigentlich sollte das Spiel anders verlaufen: Nach den Erwartungen des Angreifers sollten Sie sich erklären, rechtfertigen oder zumindest doch schamvoll erröten. Doch von all dem keine Spur! Sie wechseln stattdessen souverän und ohne jegliche Verlegenheit das Gesprächsthema.

»Müll« mit »Müll« beantworten

So geht's: Anstelle von banalen Themen (vgl. Taktik »Richtungswechsel«: Gesprächsthema ändern) zitieren Sie jetzt munter irgendwelche Lebensweisheiten oder Zitate, die überhaupt nicht zum Angriff passen. In der Aufregung kommt es dabei manchmal vor, dass die angehenden Schlagfertigkeitsexpertinnen Sprichwörter nicht ganz korrekt wiedergeben. Doch das macht überhaupt nichts. Im Zweifelsfall bringt der Spruch »Lieber die Katze auf dem Dach als den Spatz in der Hand« noch sehr viel mehr geistige Verwirrung des Gegenübers mit sich … Daher gilt: Je weniger das Ganze passt, umso unverständlicher und umso wunderbarer lassen Sie den Angreifer ins Leere laufen.

Mit Sprichwörtern kontern

Bei der Taktik »Richtungswechsel« referieren Sie ausführlich über ein neues Thema: Sie sprechen plötzlich und unvorhergesehen über den Umbau des Stuttgarter Hauptbahnhofs, Ihre Lieblingsinsel Mallorca oder die Riester-Rente. Bei der Taktik »Mit Sprichwörtern kontern« holen Sie dagegen nicht so weitschweifig aus, sondern servieren dem Gegenüber »nur« ein plakatives Sprichwort. Das war's schon!

Ihre Ziele lauten: Den Provokateur mit Ihrer Antwort (=Sprichwort) verwirren und nicht offenbaren, dass Sie sich über seine dreiste Bemerkung geärgert haben! Wie Sie das erreichen? Servieren Sie als Antwort ein Sprichwort, das überhaupt nicht zu seinem Angriff passt. Zum Beispiel:

Sie stehen mit einem Kollegen in der Kaffeeküche und erklären ihm, wie Sie die Sache mit der Finanzkrise sehen. Unverhofft kommt oft: Ihr Kollege ist darauf offensichtlich nicht gut zu sprechen:
Sein Angriff: »Jetzt seien Sie mal nicht so vorlaut.«
Ihre Erwiderung: »Wie man immer so sagt: Aller guten Dinge sind drei.«
Nicht vergessen: Freundlich lächeln, Ihrem Gegenüber zum Beispiel auch noch ein bisschen Kaffee aus der Kanne anbieten, ihm einen erfolgreichen Nachmittag wünschen und den Abgang machen.

Sie sitzen neben Ihrem Kollegen im Auto auf dem Beifahrersitz. Plötzlich fängt er an, auf Ihnen herumzuhacken.
Sein Angriff: »Wenn ich in Ihre Richtung sehe, habe ich den Eindruck, mich blickt ein Esel an.«
Ihre Erwiderung: »Na ja, keine Flamme ohne Rauch.«
Hier bietet sich im Anschluss ein Richtungswechsel beziehungsweise Themenwechsel an: Sie könnten über Ihren letzten Besuch im Zoo sprechen oder ganz einfach darüber, wie voll es heute auf der Autobahn ist. Da Sie ja noch längere Zeit mit Ihrem Kollegen auf engstem Raum verbringen müssen, muss das Gespräch ja irgendwie weitergehen. Umso besser, wenn es sich um ein Thema dreht, das Sie sich selbst rausgesucht haben!

Sie laufen ahnungslos an einem Schreibtisch vorbei. Da vernehmen Sie die unerschrockenen Worte eines Kollegen:
Sein Angriff: »Die Röcke hier werden ja auch immer kürzer. Werden Sie dafür bezahlt?«
Ihre Erwiderung: »Ich zitiere gern das Sprichwort: Scherben bringen Glück.«
Und nun lautet die Devise: Selenruhig weitergehen und zufrieden in sich hineinlächeln. Widerstehen Sie der Versuchung, seine Verblüffung in Augenschein zu nehmen. Daher gilt: Nicht mehr umdrehen!

Weitere bekannte Sprichwörter sind:

Geflügelte Worte

- Viele Köche verderben den Brei.
- Steter Tropfen höhlt den Stein.
- Stille Wasser sind tief.
- Zeit ist Geld.
- Der Apfel fällt nicht weit vom Stamm.
- Der Teufel ist nicht so schwarz, wie man ihn malt.
- Ende gut, alles gut.
- Gegensätze ziehen sich an.
- Gleich und Gleich gesellt sich gern.
- Morgenstund hat Gold im Mund.
- Auge um Auge, Zahn und Zahn.
- Alle Wege führen nach Rom.
- Besser den Spatz in der Hand als die Taube auf dem Dach.
- Wenn die Schafe gezählt sind, frisst sie der Wolf.

Mit Zitaten umleiten

Das Prinzip ist hier das gleiche wie bei der Sprichwort-Technik. Anstelle eines Sprichworts zitieren Sie jedoch bekannte Persönlichkeiten. Zum Beispiel:

- »Die Macht der Frau kann man unterschätzen, nie überschätzen.« Jean Paul
- »Frauen sind anders.« Curt Goetz
- »Erst die Freizeit, dann das Vergnügen.« Werner Mitsch
- »Zu Leuten, an denen einem nichts liegt, kann man immer freundlich sein.« Oscar Wilde
- »Wer schaffen will, muss fröhlich sein.« Theodor Fontane
- »Erlaubt ist, was gefällt.« Goethe (»Torquato Tasso«)
- »Geld stinkt nicht.« Vespasian
- »Erst der Dieb, dann die Gelegenheit.« Salomon Baer-Oberndorf

- »Männer leben vom Vergessen, Frauen von Erinnerungen.« T.S. Elliott
- »Gleich und Gleich gesellt sich gern.« Küpper (Simplicius 24)
- »Glück ist Talent für Schicksal.« Novalis
- »Time is money.« André Kostolany

Erklären Sie Ihre Antwort (= Sprichwort/Zitat) niemals! Da Ihr Angreifer vermutlich verzweifelt den Sinn hinter Ihren Worten suchen und nicht finden wird, ist es möglich, dass er Sie danach fragt. Das kann in der nächsten Sekunde geschehen oder erst Stunden später. Wenn Ihnen eine Nachfrage gestellt wird, so fordern Sie den anderen einfach dazu auf, weiter nach dem Sinn Ihrer Worte zu suchen. Bringen Sie zum Ausdruck, dass Sie ihm zutrauen, selbst das Rätsel zu lösen:

Frage: »Ich verstehe nicht, wie Sie das gemeint haben ...«
Ihre Erwiderung: »Sie wissen doch: Wer sucht, wird finden. Das schaffen Sie schon.«
Oder aber Sie antworten einfach mit einem weiteren unpassenden Zitat oder Sprichwort auf die Rückfrage:
Ihre Erwiderung: »Hm, ja ... ich habe mich vielleicht undeutlich ausgedrückt. Ich wollte damit sagen: Viele Köche verderben nun mal den Brei.«

Hauptsache verwirrend!

Selbst wenn es Ihnen passiert, dass Sie aus Versehen mal ein Sprichwort durcheinander bringen (»Wer fröhlich sein will, muss schaffen« anstatt »Wer schaffen will, muss fröhlich sein«), ist das nicht weiter schlimm. Ihre Aufgabe war ja, eine verwirrende Antwort zu geben – umso verwirrender, umso besser. Wortdreher sind daher willkommene Versprecher!

To do

Angriff: »Ihre Kleidung wird ja auch immer knapper!«
Schlagfertigkeitsstrategie: Richtung wechseln und den Angriff umleiten.

Möglichkeiten: Mit einem Sprichwort oder Zitat ablenken. Reagieren Sie scheinbar unlogisch und verwirren Sie Ihr Gegenüber gründlich. Kontern Sie mit einem Sprichwort (»Viele Köche verderben den Brei«) oder einem Zitat (»Ohne Zweifel kein Mut«). Je weniger das Zitat oder das Sprichwort zu dem vorangegangenen Kommentar passt, desto größer sind der Erfolg und die Irritation beim Angreifer.
Wie lauten Ihre Strategie und die konkreten Worte? Notieren Sie diese schriftlich:

____

____

____

Taktik »Kurz und knapp«

Unverschämte Äußerungen sind nicht intelligent. Versprühen Sie darum auch bloß nicht zu viel Geist, Witz und Charme, wenn Sie auf eine solche Äußerung reagieren. Die folgenden Repliken reichen als schlagfertige Antwort völlig aus und sind aufgrund ihrer (schon fast unverschämten) Kürze ganz wunderbar frech, aber eben doch nicht offensichtlich dreist. Sie üben sich noch in Schlagfertigkeit? Gerade dann geben Ihnen die folgenden Beispiele Selbstsicherheit – die Kurz-und-knapp-Technik kann von jederfrau sofort eingesetzt werden, da sie simpel und universell nutzbar ist. Ganz egal, was Ihr Gegenüber Ihnen an den Kopf wirft: Kurz-und-knapp-Konter passen immer. In der Folge stellt sich aufgrund der Gewissheit, »Kontern zu können«, eine Selbstsicherheit ein, die für Angreifer offensichtlich ist. Und wer selbstsicher erscheint, den ereilen weitaus weniger Konfrontationen. Und sollte dann doch mal ein dreister Spruch zu Ihnen durchdringen, dann wissen Sie ja jetzt, was Sie so alles sagen können!

In der Kürze liegt die Würze

So geht's: Typische Kurz-und-knapp-Konter sind beispielsweise »Ach was!« oder »Oje!«. Mehr nicht. Nun stellen Sie sich bildhaft vor, wie Ihr Gegenüber sich produziert und Ihnen einen Spruch nach dem Motto »Typisch blond!« an den Kopf wirft und Sie reagieren darauf nur mit einem herablassenden »Ach was!«. Eine solch gleichgültige Reaktion ist, als würde man mit einer Nadel in einen prallen Luftballon pieksen: Auf einen Schlag sackt der aufgeblasene Ballon in sich zusammen. Übrig bleibt nur ein kleiner unspektakulärer Haufen Gummimasse. Nicht mehr und nicht weniger. In einem solch zweisilbigen Kommentar steckt für meine Begriffe eine so unglaubliche Menge Herablassung und Gleichgültigkeit, dass es spektakulär, verlockend und sehr faszinierend ist.

Keine Zustimmung signalisieren

Nur eine Sache sollten Sie beim zweisilbigen Kontern beachten: Signalisieren Sie keine Zustimmung. Sagen Sie also beispielsweise nicht »Ja, ja« – zustimmen wollen wir dem Gegenüber gerade nicht!

> *Angriff:* »Sie haben ja keine Ahnung, wie das hier geht.«
> *Erwiderung:* »Ach was!«
>
> *Angriff:* »Es gibt da ein Land namens Aggressivistan, dessen Königin müssen Sie wohl sein.«
> *Erwiderung:* »So, so.«
>
> *Angriff:* »Ihnen ist sicher eine Laus über die Leber gelaufen, so zickig, wie Sie drauf sind.«
> *Erwiderung:* »Oh, oh.«

Zweisilbige Kommentare

Typische zweisilbige Kommentare sind:

- »Oh, oh …«
- »Ach was …«
- »Sag bloß …«
- »So, so …«
- »Tss, tss …«

- »Potz Blitz!«
- »Oje …«
- »Ach nee …«

To do

Angriff: »Sie sind ja nicht ganz bei Trost!«
Schlagfertigkeitsstrategie: Kurz und knapp mit dem zweisilbigen Kommentar kontern.
Möglichkeiten: Mit dem zweisilbigen Kommentar kontern.
Vergeuden Sie nicht zu viel Geist, Witz und Charme, wenn Sie auf eine dumme Bemerkung antworten. Vermeiden Sie unter allen Umständen, auf den Inhalt der Bemerkung einzugehen. Des Weiteren ist es wichtig, dass Sie sich weder rechtfertigen noch Ihr Verhalten erklären. Reduzieren Sie Ihre Antwort auf ein Mindestmaß an Worten. Antworten Sie z.B.: »Oha«, »So, so« oder »Oje«.
Wie lauten Ihre konkreten Worte? Notieren Sie diese schriftlich:

____

____

____

Taktik »Gegenangriff«

Die Anekdote auf Seite 84 veranschaulicht wie keine zweite, worum es bei der Schlagfertigkeitstechnik »Gegenangriff« geht. Während wir bei allen vorhergehenden Kontermethoden sogenannte weiche Methoden angewandt haben, geht es jetzt hart zur Sache. Zum Beispiel wenn Ihr Angreifer Grenzen so weit oder so häufig überschritten hat, dass Sie ihn nicht mehr mit den soften Schlagfertigkeits-

z.B. Bekanntermaßen waren sich der britische Premierminister Sir Winston Churchill und die britische Politikerin und erste weibliche Parlamentsangehörige Lady Astor nicht »ganz grün«. Bei einem Zusammentreffen soll Lady Astor zu Sir Winston Churchill gesagt haben: »Wenn ich Ihre Frau wäre, würde ich Ihnen Gift in den Tee schütten.« Daraufhin konterte Sir Winston Churchill: »Wenn ich Ihr Mann wäre, würde ich ihn trinken.«

techniken davonkommen lassen wollen. Stattdessen wollen Sie mit einem gekonnten Konter klar belegen, dass Sie die unverschämte Bemerkung als solche genau registriert haben und nicht gewillt sind, diese hinzunehmen. Sie blasen laut und deutlich zum Gegenangriff.

Lassen Sie sich nichts gefallen!

Dabei können Sie sich übrigens an Sir Winston Churchill ein Beispiel nehmen. Dieser war für seine Schlagfertigkeit berühmt und berüchtigt. Als Churchill vom politischen Lager der Konservativen in das Lager der Liberalen wechselte, sorgte das in England für Aufregung und Aufsehen. Als der Bühnenautor George Bernhard Shaw den Politiker zur Premiere eines neuen Theaterstücks einlud, schrieb er auf die beiliegende Karte »Bringen Sie einen Freund mit – wenn Sie noch einen haben.« Sir Winston Churchill konterte schriftlich: »Bin an dem Abend parlamentarisch verhindert. Komme zur zweiten Vorstellung – wenn es noch eine solche gibt.«

Denkbar sind beim Gegenangriff verschiedene Techniken. Sie können den anderen mit einer noch treffenderen Bemerkung übertrumpfen, seine Attacke ins Lächerliche ziehen, den Angriff offen aufdecken oder die Aussage gezielt hinterfragen. Alle diese Techniken haben gemeinsam, dass Sie damit zum Gegenschlag ausholen. Das wird natürlich Auswirkungen auf die momentane Stimmungslage und vielleicht sogar das weitere Miteinander haben. Daher sind Kontertechniken insbesondere im Vier-Augen-Gespräch einsetzbar. Wenn Sie aber zum Beispiel einen Vortrag halten und einen Gegenangriff bei einem Zuhörer einläuten, laufen Sie Gefahr, dass sich die Gruppe hinter den Teilnehmer stellt und Sie innerhalb kürzester Zeit allein auf weiter Flur stehen.

Kontern und übertrumpfen

Wir kennen alle das Sandkastenprinzip, nach dem sich Kinder streiten. Die Diskussion läuft dann in etwa folgendermaßen ab: »Du bist doof.« – »Und du bist noch viel doofer!« Diesen Ablauf übernehmen Sie, natürlich eleganter formuliert, als Vorlage fürs Kontern und Übertrumpfen.
So geht's: Gehen Sie auf die Bemerkung Ihres Gegenübers ein und steigern Sie die ursprüngliche Aussage. Beim Kontern und Übertrumpfen geben Sie klar zu verstehen, dass Sie sich, Ihr Aussehen und Ihre Verhaltensweise völlig in Ordnung finden. Ihre Konter wählen Sie nach dem Motto: »Wer im Glashaus sitzt, sollte nicht mit Steinen werfen.«

Angriff: »Ich glaube, die Aufgaben wachsen Ihnen über den Kopf.«
Erwiderung: »So lange ich Sie noch sehen kann, habe ich noch lange nicht genug davon.«

Angriff: »Wenn ich mich richtig erinnere, hat schon meine Kollegin Probleme mit Ihrer undisziplinierten Arbeitsweise gehabt.«
Erwiderung: »Das wundert mich nicht. Der Apfel fällt ja nicht weit vom Stamm.«
Bei dieser Erwiderung wurde der Angriff mit einem Sprichwort kombiniert. Doch anders als in der reinen »Verwirrungstaktik« auf den vorhergehenden Seiten passt das Sprichwort nun. Die Aussage lautet sinngemäß: »In Ihrer Abteilung sind ja alle Mitarbeiter komisch. Kein Wunder dass ich weder mit Ihnen noch mit Ihrer Kollegin auskomme.«

Angriff: »Du bist ja nicht gerade attraktiv.«
Erwiderung: »Schon mal selbst in den Spiegel gesehen?«

Angriff: »Deine Kleidung ist altmodisch.«
Erwiderung: »Besser altmodisch als alt und modisch wie andere Leute.«

Mit der Formulierung »Besser ... als ...« machen Sie besonders deutlich, dass Ihr Erscheinungsbild oder Ihr Verhalten ja Kinkerlitzchen sind, verglichen mit den Marotten des Angreifers.

Angriff: »Du siehst ja mal wieder aus wie Frankensteins Witwe. Kannst du nicht am Wochenende feiern, statt so unausgeschlafen zur Arbeit zu kommen?«
Erwiderung: »Besser müde und glücklich als ausgeschlafen und gefrustet.«

Angriff: »Der Rock sieht irgendwie blöd aus.«
Erwiderung: »Besser ein blöder Rock als nur blöde Bemerkungen auf den Lippen.«

Die Techniken »kontern und übertrumpfen«

- »Besser ... als ...«: Sie greifen ein Wort Ihres Gegenübers auf und überspitzen dieses, indem Sie den Begriff in einen »schlimmeren« Zusammenhang bringen. (»Dein Rock wirft unschöne Falten« – »Besser ein paar Falten im Rock als welche im Gesicht.« Oder: »Du siehst mies gelaunt aus.« – »Besser nur mal so aussehen, als es ständig zu sein.«)
- »Wer im Glashaus sitzt, sollte nicht mit Steinen werfen«: Sie geben Ihrem Angreifer zu verstehen, dass er lieber nicht so vorlaut sein soll, da es um ihn weitaus schlimmer steht. Statt eines seiner Worte aufzugreifen und zu wiederholen, spiegeln Sie die Bemerkung zurück. (»Du solltest auch mal wieder zum Friseur gehen!« – »Schon mal selbst in den Spiegel gesehen?« Oder: »Rede doch nicht immer so einen Quatsch.« – »Schon mal dir selbst zugehört?«)
- »Gerade weil ...«: Eine dritte Möglichkeit zur Reaktion besteht darin, die Bemerkung des anderen zu übersteigern, indem Sie formulieren »Gerade weil ich einen so guten Geschmack habe, trage ich diesen Rock«, wenn Sie jemand beispielsweise mit »Dein Geschmack lässt zu wünschen übrig« attackiert.

Lächerlich machen

Nach einem ähnlichen Prinzip können Sie die unverschämte Aussage Ihres Gegenübers auch ins Lächerliche ziehen. Sie signalisieren dadurch, dass seine Bemerkung keinen Pfifferling wert ist und Ihnen allenfalls ein Lächeln abringt. Eine unqualifizierte Behauptung kann Sie nämlich nicht treffen – im Gegenteil: Sie machen sich auch noch einen Spaß aus der Angelegenheit und lieben nichts mehr, als darauf zu kontern. Damit das Ganze nicht ins Geschmacklose abgleitet, ziehen Sie stets nur die Aussage ins Lächerliche, nicht jedoch die Person selbst. So viel Anstand muss sein!

So geht's: Im Prinzip können Sie stets mit der Antwort kontern: »Wow, da hat aber jemand genau hingesehen.« Damit verbinden Sie auch eine kleine Portion Peinlichkeit. Denn eigentlich sollten wir mit unseren Blicken nichts streifen, was sich rein äußerlich unterhalb der Schultern unserer Mitmenschen befindet. Auf Sprüche wie »Gewagter Rock!« mit diesem Satz zu kontern macht deutlich, dass der andere ausgiebig irgendwo hingesehen hat, wo sein Blick nichts zu suchen hatte – erst recht nicht so lange.

Angriff: »Das ist mal wieder typisch Frau!«
Erwiderung: »Ich bin sehr beeindruckt. Sie haben in Biologie anscheinend gut aufgepasst.«
Erwiderung: »Wow, da hat aber jemand genau hingesehen.«

Weitere Formulierungen

- »Wow, da hat aber jemand genau aufgepasst.«
- »Hey, da ist wohl jemandem langweilig.«
- »Wie beeindruckend. Du hast ja sensationell gut aufgepasst. Wo lernt man denn so was?«

Decken Sie den Angriff auf

Eine weitere Kontermöglichkeit besteht darin, den Angriff unerschrocken offenzulegen und anzusprechen. Damit rechnen Ihre Angreifer meist nicht: Sie wollten vielleicht nur ein bisschen

sticheln, mal sehen, wie weit man bei Ihnen gehen kann und was Sie sich gefallen lassen. Im Regelfall sind Angreifer aber nicht darauf vorbereitet, dass Sie ihnen den Ball zurückwerfen. Den Ball zurückzuwerfen und den anderen so direkt anzugehen erfordert nämlich eine Menge Mut. Und genau das erwartet man bei einem vermeintlich leichten Opfer natürlich nicht. Wieder ist das Überraschungsmoment zu Ihrem Freund geworden: Anstatt dem Angegriffenen muss der Angreifer sich rechtfertigen und nun nach erklärenden Worten suchen.
So geht's: Spiegeln Sie dem anderen, dass Sie seinen Angriff als solchen registriert haben. Sie können neutral und universell einsetzbar formulieren, indem Sie beispielsweise sagen: »Das ist ein Angriff.« Nach Ihrer Erwiderung machen Sie eine Redepause. Widerstehen Sie der Versuchung, sich zu rechtfertigen oder zu erklären. Stattdessen muss nun der Angreifer begründen, wie er denn überhaupt dazu kommt, Sie so zu attackieren. Alternativ können Sie auch die Worte des Gegenübers aufgreifen und auf seine Unterstellungen konkret eingehen:

Angriff: »Ich glaube nicht, dass Sie dieser Aufgabe gewachsen sind. Sie haben ja nicht mal studiert.«
Erwiderung: »Mit dieser Bemerkung unterstellen Sie mir Inkompetenz.«

Formulierungen, mit denen ein Angriff aufgedeckt wird

- »Wollen Sie damit sagen, dass …?« Verpackt in einer Frage geben Sie dem anderen die Chance, seinen harten Angriff zu relativieren, indem Sie die Bedeutung seines Kommentars infrage stellen. Sie werfen ihm den Ball sofort zurück. Sie rechtfertigen sich nicht; Ihr Angreifer muss Farbe bekennen!
- »Sie unterstellen mir …« Durch diese Aussage stellen Sie deutlich und ohne Umschweife in den Raum, was der Angreifer Ihnen zugesprochen hat. Nun warten Sie ab, wie er auf diese klaren Worte reagiert.
- »Was Sie da sagen, ist ein Angriff.«
- »Jetzt werden Sie ausfallend.«

- »Ihr Ton und Ihre Worte sind unangemessen.«
- »Sie greifen mich persönlich an.«

To do

Angriff: »Seit ich Sie kenne, hat Geschmacklosigkeit einen Namen.«
Schlagfertigkeitsstrategie: Gegenangriff starten.
Möglichkeiten:

1. Kontern und übertrumpfen: Sie geben eine Antwort, die den vorangegangenen Angriff übertrifft. Zum Beispiel: »Sie sollten nicht von sich auf andere schließen.«
2. Lächerlich machen: Ziehen Sie die unverschämte Aussage Ihres Gegenübers ins Lächerliche. So geben Sie den anderen und seine Bemerkung zum Spott frei und machen deutlich, dass diese unqualifiziert war. Zum Beispiel: »Ich bin sehr beeindruckt. Sie sind wohl nebenberuflich Modefachmann?«
3. Decken Sie den Angriff auf: Zeigen Sie, dass Sie den Angriff als solchen erkannt haben, und scheuen Sie sich nicht, das zu sagen. Ihr Gesprächspartner wird überrascht sein und hoffentlich auch peinlich berührt, da Sie seinen Angriff entlarvt haben. Kontern Sie zum Beispiel: »Warum unterstellen Sie mir Geschmacklosigkeit?«

Wie lauten Ihre gewählte Strategie und die konkreten Worte? Notieren Sie diese schriftlich:

____

____

____

Taktik »Meinungsfreiheit«

Anders denken ist erlaubt

Sie setzen einen Angreifer relativ schnell und einfach schachmatt, wenn Sie seine Äußerung als die Meinung einer Einzelperson darstellen. Bekanntermaßen herrscht bei uns das Grundrecht auf Meinungsfreiheit und da ist es eine ganz normale Sache, dass Menschen unterschiedliche Auffassungen vertreten und zum Besten geben. Natürlich ist es darüber hinaus eine Frage des Anstands und der »Art und Weise«, wie man seine Meinung formuliert und kundtut. Aber das soll nicht zu Ihrem Problem werden, sondern gegebenenfalls Ihren Angreifer in einem entsprechend unguten Licht erscheinen lassen. Für Sie kommt es nur darauf an, die Attacke simpel abzuwehren. Zum Beispiel folgendermaßen:

Das ist Ihre Meinung

Indem Sie auf einen Angriff sachlich neutral und vollkommen ungerührt formulieren »Das ist Ihre Meinung«, nehmen Sie dem Angreifer gekonnt den Wind aus den Segeln. Sie machen deutlich, dass Sie sich auch von haarsträubenden Attacken nicht provozieren lassen, sondern gelassen bleiben. Je ruhiger Sie sind, umso aggressiver und aufgeregter und unangemessener erscheint Ihr Gegenüber.

Angriff: »Sie haben die Weisheit auch nicht gerade mit Löffeln gefressen.«
Erwiderung: »Das ist Ihre Meinung.«

Alternative Formulierungen

- »Das sehen Sie so.«
- »Das ist Ihre Sicht der Dinge.«
- »Das ist Ihre Auffassung.«
- »Das ist Ihre subjektive Einschätzung.«

Das ist Ihr Problem

Weiter steigern können Sie die Aussagekraft, wenn Sie statt »Das ist Ihre Meinung« die Formulierung »Das ist Ihr Problem« wählen. Damit ist Ihnen ein cleverer Coup gelungen: Ursprünglich wollte Ihr Angreifer Sie in eine problematische Situation drängen. Stattdessen sagen Sie nun klar und deutlich, dass er weit und breit der Einzige »mit einem Problem« ist.

Angriff: »Ich habe noch nie so einen Mist gehört.«
Erwiderung: »Das ist Ihr Problem.«

To do

Angriff: »Sie haben ja ohnehin keine Ahnung.«
Schlagfertigkeitsstrategie: Für Meinungsfreiheit plädieren.
Möglichkeiten:

1. Das ist Ihre Meinung: Machen Sie deutlich, dass es sich bei dem Angriff »nur« um die Meinung einer Einzelperson handelt.
2. Das ist Ihr Problem: Machen Sie klar, dass die Meinung des Angreifers nicht Ihr Problem, sondern ganz allein seines ist.

Wie lauten Ihre gewählte Strategie und die konkreten Worte? Notieren Sie diese schriftlich:

____

____

____

Taktik »Zustimmung«

Überlegen Sie sich immer wieder, was der Provokateur von Ihnen erwartet. Welche Reaktion wünscht er sich von Ihnen? Meist hoffen Angreifer darauf, dass Sie unsicher werden oder anfangen sich zu erklären. Sie wissen genau, dass Sie in diesem Moment verloren haben. Denn Sie können nicht knackig-witzig erklären, warum Sie nicht die Absicht haben, den eigenen Frisör zu verklagen, wenn Ihnen die neue Haarfarbe gefällt.

Da kann der andere nicht widersprechen

Was aber, wenn Sie Ihrem Angreifer zustimmen? Sie bringen ihn aus dem Gleichgewicht. Unerheblich ist, ob Sie wirklich der Meinung sind, dass der andere recht hat. Entscheidend ist, dass die Überraschung Ihnen gehört. Aber Vorsicht: Diese Antwortmöglichkeit bietet sich nicht für jede unverschämte Bemerkung als Retourkutsche an. Wenn Ihnen jemand zum Beispiel Inkompetenz unterstellt, dürfen Sie nicht mit »Ja, stimmt« antworten und Ihre eigene Leistungsfähigkeit untergraben.

So geht's: Ein Sprücheklopfer findet sich selbst sehr clever und kreativ. Wie sonst wäre er auf einen so raffinierten Angriff gekommen? Sie können also davon ausgehen, dass es einem Angreifer nicht an Selbstbewusstsein mangelt. Zumindest ist er der Auffassung, dass er Ihnen überlegen und durchaus in der Position beziehungsweise Lage ist, Ihnen zu sagen, wo es langgeht. Genau diese Selbstsicherheit machen Sie sich zunutze, wenn Sie den Angreifer schachmatt setzen, indem Sie ihn tüchtig loben, ihn mit Komplimenten eindecken oder Zugeständnisse machen. Ganz nach dem Motto: Wer einem beipflichtet, dem kann man nicht widersprechen.

Ohne Vorbehalte beipflichten

Bitte beachten Sie, dass diese Technik des Zustimmens nur dann funktioniert, wenn Sie Ihren Konter vollkommen ironiefrei formulieren. Andernfalls wächst in dem Angreifer der Verdacht, dass Sie ihn nur auf den Arm nehmen und sich über ihn lustig machen wollen. Stattdessen lautet Ihre Strategie aber, den anderen durch eine aufrichtig formulierte (wenn auch nicht aufrichtig gemeinte) Zustimmung bewegungs- beziehungsweise widerspruchsunfähig zu machen. Das Erstaunliche dabei ist, dass diese Technik selbst dann funktioniert, wenn Sie nach der Formulierung »Da gebe ich Ihnen völlig recht« konträr fortfahren. Allein der zustimmende Eingangssatz führt also in den meisten Fällen dazu, dass sich der andere gewürdigt fühlt.

Angriff: »Sie haben aber ein seltsames Outfit an.«
Erwiderung: »Stimmt. Sie haben völlig recht.«

In einer Abwandlung dieser Vorgehensweise können Sie durch Zustimmung auch eine Botschaft hinter der Botschaft ignorieren. Wenn Sie sich an unser Beispiel des Ehepaars im Auto erinnern, sagte darin die Frau zu Ihrem Mann: »Es ist grün!« Mit diesem Satz brachte sie mehrere Dinge zum Ausdruck. Unter anderem wollte sie ihren Mann zum Weiterfahren auffordern – auch wenn das ihren Worten nicht direkt zu entnehmen war. In einem Satz stecken also verschiedene Botschaften – zum Beispiel:

Angriff: »Ihr Büro ist ja total unaufgeräumt!«
Erwiderung: »Ja, wunderbar. So kann ich kreativ arbeiten.«

Der Angreifer hat Sie wegen Ihres unaufgeräumten Schreibtisches kritisiert. Des Weiteren wollte er Sie dazu auffordern, endlich Ordnung zu schaffen. Sie sind aber durch Ihre pfiffige Erwiderung gar nicht auf diese Botschaft hinter der Botschaft eingegangen. Der Angreifer hat nicht erreicht, was er wollte. Eine ungeschickte Erwiderung Ihrerseits hätte gelautet: »Ja, stimmt. Ich muss dringend aufräumen. Am besten gleich heute.« Damit hätte er erreicht, was er wollte, und Sie mit einem schlechten Gewissen zurückgelassen.

Sie können Ihre Antwort auch weiter ausschmücken und etwas länger werden lassen. Zum Beispiel:

Angriff: »Langsamer können Sie die Regale wohl nicht einräumen?«
Erwiderung: »Ja, ich räume sie langsam ein. Und ich arbeite sehr gründlich und sorgfältig. Mir geht nichts kaputt und ich mache kaum Fehler. Darum muss niemand meine Arbeit nachbessern und aufwendig kontrollieren. Das spart Zeit und davon profitiert wiederum die ganze Abteilung.«

Mit dieser umgedeuteten Antwort haben Sie es sogar geschafft, den ursprünglich negativ geprägten Vorwurf in etwas Positives umzudeuten: Sie sind vielleicht langsam, aber sorgfältig – und davon profitieren letztlich alle.

Komplimente verteilen

Eine unverrückbare Tatsache ist, dass kein Mensch immun gegen Komplimente ist. Wir alle hören gern, dass wir etwas gut gemacht haben oder über besondere Begabungen verfügen. In unserer heutigen Gesellschaft wird nur leider viel zu wenig gelobt. Bei den Schwaben gibt es sogar ein Sprichwort, das heißt: »Nicht geschimpft ist genug gelobt.«

Komplimente mit einer Prise Ironie

Insbesondere im Berufsleben sind Komplimente selten anzutreffen. Sehr viel häufiger hören wir von anderen, was schlecht war, als dass mal jemand auf die Idee käme, zu loben. Genau dieses Ungleichgewicht und diese Ungerechtigkeit können Sie sich zu eigen machen. Wenn Sie Ihren Angreifer loben, setzen Sie ihn schachmatt.
Hierbei können Sie Ihr Kompliment mit einer gehörigen Prise Ironie würzen und sogar ein bisschen übertrieben loben. Dann wird das Kompliment umso verwirrender und Sie wissen ja: Je unerwarteter, umso größer die Überraschung und umso gelungener die geistreiche Antwort.

Angriff: »Seien Sie doch nicht so überempfindlich.«
Erwiderung: »Vielen Dank für diesen wertvollen Rat.«

Angriff: »Das haben Sie aber vergeigt. Mir wäre das nicht passiert.«
Erwiderung: »Sie sind ja auch ein Vorbild für mich. Ich lerne jeden Tag aufs Neue von Ihnen.«

Angriff: »Was für ein dummer Vorschlag. Dabei werden Sie hier fürs Denken bezahlt.«
Erwiderung: »Ihre Motivationsstärke ist wirklich bewundernswert.«

Weitere Komplimente

- »Toll, dass Sie so gut informiert sind.«
- »Was Sie sich alles merken können. Sehr beeindruckend.«
- »Sie sind sehr aufmerksam, das finde ich wirklich toll.«
- »Ich freue mich immer, wenn wir uns unterhalten. Jedes Mal lerne ich etwas von Ihnen dazu.«
- »Einmalig, wie Sie sich in der Materie auskennen und mir sofort ins Wort fallen.«

Zugeständnisse machen

Es kann ja auch durchaus vorkommen, dass Ihnen jemand zu Recht einen Vorwurf macht. Sie haben einen Fehler gemacht, wollen nun aber eine große Diskussion darum vermeiden. Denkbar ist diese Situation beispielsweise für den Fall, dass Sie zu einer größeren Besprechungsrunde zu spät kommen:

Feststellung: »Sie sind zu spät.«
Erwiderung: »Entschuldigung, Sie haben recht. Es tut mir leid – wird nicht wieder vorkommen.«

Mit dieser kurzen, aber umfassenden Antwort haben Sie deutlich gemacht, dass alles zum Thema gesagt wurde. Sie kommen dadurch nicht in die Verlegenheit, vor Ihren Kollegen argumentieren zu müssen, warum Sie zu spät dran sind. Der Grund ist vollkommen unerheblich – zu spät ist zu spät und Pünktlichkeit ist eine wichtige Tugend. Ende der Diskussion.

To do

Angriff: »Was haben Sie denn für Flausen im Kopf?«
Schlagfertigkeitsstrategie: Zustimmung signalisieren.
Möglichkeiten:

1. Einfach zustimmen: Nehmen Sie den Angriff als solchen nicht auf, sondern stimmen Sie dem Angreifer kurz zu. Damit hat er nicht gerechnet – Ihre Zustimmung macht ihn handlungsunfähig, indem Sie beispielsweise antworten: »Ja, wunderbar. Dadurch kann ich sehr kreativ arbeiten.«
2. Zustimmen mit einem Kompliment: Gegen Komplimente ist niemand immun. Stimmen Sie Ihrem Angreifer zu und machen Sie ihm gleichzeitig ein Kompliment, dieses kann gern auch etwas übertrieben gewählt sein. Zum Beispiel: »Vielen Dank für Ihren Rat. Sie geben mir immer das Gefühl, mir haushoch überlegen zu sein.«
3. Zugeständnisse machen und Diskussionen vermeiden: Falls an der Bemerkung etwas Wahres dran sein sollte, können Sie auch zustimmen und Ihre Irritation entschuldigen. Zum Beispiel: »Sie haben recht, das ging zu weit.«

Wie lauten Ihre gewählte Strategie und die konkreten Worte? Notieren Sie diese schriftlich:

____

____

____

Taktik »Fragen«

Eine gute Fragetechnik ist wichtige Voraussetzung für Diskussionen und Verhandlungen. Nicht umsonst sind Berufe wie die des Arztes, Lehrers oder Rechtsanwalts hoch angesehen. Gerade in diesen Berufen ist es wichtig, die richtigen Fragen zu stellen, um anhand der Antworten einen Überblick über die Situation oder das vorhandene Wissen zu bekommen. Grundsätzlich werden zwei Fragearten voneinander unterschieden:

Offene Fragen sind gute Fragen

- Offene Fragen: Bei offenen Fragen steht das Fragewort (wer, wo, wann, wie, was) am Satzanfang. Die Antwort Ihres Gegenübers kann daher nicht nur »Ja« oder »Nein« lauten, sondern muss aus einem ganzen Satz bestehen. Ein Beispiel: »Wie stellen Sie sich den Ablauf vor?«
- Bei geschlossenen Fragen dagegen steht meist ein Verb am Anfang der Frage. Die Antwort kann folglich schlimmstenfalls aus einem kurzen »Ja« oder »Nein« bestehen. Ein Beispiel: »Möchtest du eine neue Schreibtischlampe?«

Wenn Sie in der Schlagfertigkeit Fragen als Instrument Ihrer Gegenwehr einsetzen, sind meist nur offene Fragen geeignet. Sie müssen den anderen in Erklärungsnot bringen: Er muss sich rechtfertigen und Sie gewinnen Zeit, um über das weitere Vorgehen nachzudenken. Mit geschlossenen Fragen erreichen Sie genau das nicht: Der andere wirft Ihnen ein kurzes »Ja« oder »Nein« vor die Füße und schon müssen Sie sich wieder eine neue Strategie überlegen.
Lassen Sie sich auch nicht dazu hinreißen, Ihrer eigentlichen Frage noch eine Erklärung nachzuschieben – auch nicht dann, wenn Ihr Gegenüber sich mit der Antwort Zeit lässt. Wenn Sie Ihre Frage gestellt haben, müssen Sie nur geduldig sein, aufmerksam zuhören und gegebenenfalls noch einmal nachfragen.

Angriff: »Ihre Zahlen sind falsch.«
Erwiderung: »Welche Zahlen verwenden Sie, wenn Sie so einen Schluss ziehen?« (Offene Frage)
Antwort: »Mit den Zahlen aus den gängigen Studien.«
Erwiderung: »Welche Studien meinen Sie konkret?« (Offene Frage)
Antwort: »Die üblichen Untersuchungen eben, die von uns immer herangezogen werden.«
Erwiderung: »Ich habe jetzt schon zwei Mal konkret nachgefragt, warum Sie der Meinung sind, dass meine Zahlen falsch sind. Bisher konnten Sie mir keine präzise Antwort geben. Ich stelle Ihnen aber gern noch einmal die Grundlagen meiner Berechnungen vor. Wir haben zum einen ...«

In diesem Beispiel war Kernthema die sachliche Kritik an den verwendeten Zahlen. Genauso können Sie mit einer guten Fragetechnik unsachliche Kritik entkräften, also Kritik, die sich an Ihre Person richtet:

Angriff: »Sie sind aber schwer von Begriff.«
Erwiderung: »Was meinen Sie genau, wenn Sie ‚schwer von Begriff' sagen?«

Angriff: »Ihre Worte sind totaler Blödsinn.«
Erwiderung: »Was verstehen Sie unter totalem Blödsinn?«

Hinweis: Einen totalen Blödsinn gibt es nicht. Entweder etwas ist blöd oder etwas ist nicht blöd. Eine Steigerung in Richtung »total blöd« existiert nicht.
Eine Rückfrage kann auch genau auf ein Gegenteil ausgelegt sein. Wenn Ihnen etwas vorgeworfen wird, drehen Sie den Vorwurf um und formen daraus eine Frage:

Angriff: »Sie benehmen sich wie ein Weichei.«
Erwiderung: »Wäre Ihnen ein arroganter Macho lieber?«

Wichtig ist hierbei, dass das Gegenteil eindeutig keine erstrebenswerte Position ist. Den meisten Menschen würde es schwerfallen, wenn sie zwischen einem »Weichei« und einem »arroganten Macho« Sympathiepunkte verteilen müssten ...

To do

Angriff: »Sie sind ja nicht ganz normal.«
Schlagfertigkeitsstrategie: Zurückfragen.
Möglichkeiten:

1. Konkrete Rückfrage stellen: Entlarven Sie den Angreifer, indem Sie ihm eine Gegenfrage stellen. Sie gewinnen dadurch Zeit, um über das weitere Vorgehen nachzudenken, und bringen ihn gleichzeitig in Erklärungsnot. Stellen Sie beispielsweise die Gegenfrage: »Was genau verstehen Sie unter nicht ganz normal?«
2. Mit dem Gegenteil argumentieren: Zeigen Sie die (ungute) Alternative zum Gesagten auf. Zum Beispiel: »Wäre Ihnen ein langweiliger Otto Normalverbraucher lieber?«

Wie lauten Ihre Strategie und die konkreten Worte? Notieren Sie diese schriftlich:

____

____

____

Taktik »Feststellung«

Im Idealfall wählt jeder die eigenen Worte mit Bedacht. Schließlich sollte niemand durch Aussagen verletzt oder gekränkt werden. Die Wirklichkeit sieht aber anders aus. Vielleicht stand Ihr Gesprächspartner heute Morgen schon im Stau, hatte sein Handy vergessen und erschien verspätet zu einem wichtigen Termin. Dann stellte er fest, dass er die falschen Unterlagen dabei hatte, und schließlich wurde aus dem Termin ein glatter Reinfall. Klar, diese Vorgeschichte ist eine Erklärung für seine schlechte Laune und sein seltsames Verhalten. Klar ist ebenfalls, dass Sie gar nichts dafür können, was Ihrem Gegenüber heute Morgen widerfahren ist. Dennoch baden Sie jetzt seine schlechte Laune aus, indem Sie sich seinem verbalen Angriff ausgesetzt sehen. Das ist nicht gerecht. Auf derartige Situationen reagieren Sie am besten, indem Sie dem anderen seinen Gemütszustand direkt vor die Nase halten.

Angriff: »Sie machen mich irre.«
Erwiderung: »Sie sind im Moment wütend.«

Den Angriff spiegeln

Fügen Sie Ihrer Erwiderung keine weiteren Erklärungen an, warum Ihr Gegenüber wütend sein könnte oder warum Sie diese Worte gesagt haben. Zum einen können Sie nicht ganz genau beurteilen, warum der andere schlecht gelaunt ist, und zum anderen würde ihn die Erinnerung an das Erlebte nur noch mehr in Rage bringen. Ihre Antwort ist nur eine Feststellung, die den Gemütszustand des anderen spiegelt. Sie bringen zum Ausdruck, dass Sie seine Worte nicht persönlich nehmen, sondern seinem Ausnahmezustand zuschreiben.
Weitere Beispiele für eine nüchterne Feststellung sind:

Angriff: »Sie sind ja nicht bei Verstand.«
Erwiderung: »Sie haben eine andere Meinung als ich.«

Angriff: »Ihr Mantel sieht ja aus als, stamme er aus der Altkleidersammlung.«
Erwiderung: »Sie haben einen anderen Modegeschmack als ich.«

Ist es Ihnen aufgefallen? Bei allen Erwiderungen steht an erster Stelle das Wort »Sie/Du«. Damit spiegeln Sie dem anderen neutral, was mit ihm los ist, und setzen ihn ins Zentrum der Aufmerksamkeit. Sie selbst sind durch seine Äußerungen nicht beleidigt oder enttäuscht worden. Seine Worte sind an Ihrer Ritterrüstung abgeprallt und finden ihren Weg zu ihm zurück. Sie zeigen, dass Sie den anderen durchschaut haben.

To do

Angriff: »Wegen Ihnen verliere ich noch den Verstand.«
Schlagfertigkeitsstrategie: Festellen und den Angriff spiegeln.
Möglichkeiten:
Führen Sie dem anderen vor Augen, dass er sich derzeit in einem außergewöhnlichen Gemütszustand befindet. Ihr Gegenüber ist mit dem falschen Fuß aufgestanden, hat einen schlechten Tag oder einfach miese Stimmung. Sagen Sie ihm das! Sein Gemütszustand hat nichts mit Ihnen zu tun, also brauchen Sie nicht auf seine Bemerkungen einzugehen. Gute Formulierungen lauten beispielsweise »Sie sind wütend« oder »Sie haben eine andere Meinung als ich«.

Wie lauten Ihre konkreten Worte? Notieren Sie diese schriftlich:

____

____

____

Beleidigungen zurückweisen

Wenn wir von verbalen Attacken sprechen, gehört dazu auch die klassische Beleidigung. Mit einer Beleidigung verletzt Sie jemand in Ihrer Ehre und missachtet Sie dadurch. Unter bestimmten Voraussetzungen sind Beleidigungen sogar strafrechtlich verfolgbar. Fällt eine beleidigende Äußerung, schlagen viele Menschen verbal kräftig zurück. In der Folge werfen sie sich Worte und Unterstellungen um die Ohren, die im Nachhinein nicht mehr gutzumachen sind.
Viel nervenschonender ist es, dem anderen einen Spiegel vorzuhalten und klar zum Ausdruck zu bringen, wie man die Äußerung empfunden hat. Sagen Sie klipp und klar zu Ihrem Angreifer: »Sie haben mich durch Ihre Worte beleidigt.« Unerheblich ist, ob der andere die Meinung vertritt, das sei nur eine harmlose Äußerung gewesen, die Sie zu persönlich genommen hätten.

Kopf hoch!

Denn der andere ist nicht nur verantwortlich für das, was er sagt, sondern auch dafür, wie es beim anderen ankommt. Dementsprechend betonen Sie, dass Sie beleidigt wurden und dass Sie eine Entschuldigung dafür einfordern. Wenn Sie sich vor Ihrem geistigen Auge eine solche Situation vorstellen, wird schnell klar, dass hier eine starke Körpersprache von entscheidender Bedeutung ist. Wer diese Worte mit gesenktem Blick und gebeugter Haltung spricht, wirkt längst nicht so überzeugend. Also gilt im wahrsten Sinne des Wortes die Devise: Kopf hoch!

Sonderfälle: Mach mich nicht an!

In den vorangegangenen Beispielen haben wir immer wieder Bezug auf flotte Sprüche im Büro genommen: Die Konterstrategien waren insbesondere auf Fälle zugeschnitten, in denen der altbekannte Kollege seine (schon lange nicht mehr lustigen) Sprüche zum Besten gibt. Wie Sie darauf gekonnt parieren, wissen Sie nun. Aus meinen Seminaren und Vorträgen weiß ich jedoch, dass Frauen Schlagfertigkeit auch gern dann zum Einsatz bringen würden, wenn sie ein Unbekannter anspricht: Wie lautet ein witziger Konter, wenn frau in einer Bar unverblümt angesprochen (um nicht zu sagen »angemacht«) wird, aber kein Interesse an einer näheren Bekanntschaft hat? Klar, grundsätzlich können Sie die vorgestellten Schlagfertigkeitsstrategien von »Kurz und knapp« bis hin zu »Verwirren per Sprichwort« wunderbar anwenden. Ein bisschen anders sieht es beim »Zustimmen« oder »Richtungswechsel« aus – diese Strategien eignen sich mehr schlecht als recht, um den anderen loszuwerden: Beim Zustimmen wird sich der Unbekannte sehr über Ihr Entgegenkommen freuen und beim Richtungswechsel wären Sie gezwungen, mit dem Gegenüber zu plaudern. Beides ist nicht in Ihrem Sinne. Widmen wir uns also genauer dem Sonderfall »Mach mich nicht an!«.

Flotte Sprüche

- »Ich habe meine Telefonnummer verloren, kann ich Ihre bekommen?«
- »Darf ich Sie auf einen Cocktail einladen?«
- »Die Sonne geht auf. Ihr Lächeln ist fantastisch.«
- »Hat es eigentlich wehgetan, als du vom Himmel gefallen bist?«

Diese Sprüche sollen die gängigsten männlichen Versuche sein, ein weibliches Gegenstück zu finden. Doch mal ganz ehrlich, was antworten Sie Pfiffiges auf diese frechen Fragen? Wenn Sie nur darauf gewartet haben, dass Sie vom Herrn der Schöpfung angesprochen werden, ist das natürlich kein Problem. Wenn Ihnen diese Anmache aber ganz und gar ungelegen kommt und Sie keinerlei Interesse an einem Kennenlernen haben, dann stellt sich schon die Frage nach einer raffinierten und vor allem eindeutigen Retourkutsche. Denn überlegen Sie: Steigen Sie auf den mutigen Spruch des anderen ein, so fühlt sich dieser womöglich positiv wahrgenommen und herausgefordert. In der Folge werden Sie ihn nicht mehr so schnell los wie gehofft.

Auch wenn es Ihnen schwerfällt: Sagen Sie eindeutig »Nein«, wenn Sie kein Interesse an einem Kennenlernen haben. Umschreibende Formulierungen, die Sie als eindeutig einordnen, muss der andere noch lange nicht genauso verstehen. Schlagfertige Konter können in diesen Fällen sogar zum spielerischen Gespräch einladen. Im Zweifelsfall gilt: Je weniger Aufmerksamkeit Sie schenken, umso besser. Überlegen Sie daher lieber zweimal, ob Sie nicht besser eindeutig mit »Nein danke, ich möchte nicht« antworten, statt wilde Retourkutschen zu präsentieren.

Selten so gelacht: Umgang mit müden Witzen

- Wie beschäftigt man eine Blondine für mehrere Stunden? Einfach »Bitte umdrehen« auf beide Seiten eines Papiers schreiben.
- Was ist der Unterschied zwischen einer Blondine und einem Job? Der Job wird erst nach einer Woche langweilig.
- Was erhält man, wenn man einer Blondine einen Pfennig für ihre Gedanken bietet? Wechselgeld.
- Warum können Frauen nicht hübsch und intelligent zugleich sein? Weil sie sonst Männer wären!

Müde Witze kommen in den besten Büros vor und werden zumeist von Männern erzählt. Die meisten Frauen reagieren auf solche Geschichten mit einem nachsichtigen Lächeln: Wer nicht mitlächelt, könnte als Spielverderber dastehen. Wer zu viel lacht, der könnte als derb gelten. Also versucht frau, den goldenen Mittelweg zu finden.
Der Hintergrund von Witzen ist nicht zwingend, dass gute Laune verbreitet werden soll. Manchmal möchte der Sprücheklopfer die

Anwesenden auch in Verlegenheit bringen. Und das gelingt ihm, insbesondere mit Witzen unterhalb der Gürtellinie, leider meist sehr gut. Je weniger Gegenwehr Sie zeigen, umso besser kann sich der Witzereißer in Zukunft mit seinen Geschichten in den Mittelpunkt stellen. Statt also stumm daneben zu stehen, können Sie entweder den anderen übertrumpfen (eine kleine Auswahl an passenden Witzen finden Sie ein paar Zeilen weiter unten) oder Sie sprechen Klartext und sagen, dass Sie diese Witze nicht lustig finden.

Witzige Retourkutschen

Sie holen zum Kontern und Übertrumpfen aus? Hier eine kleine Auswahl an witzigen Retourkuschen:

- Was ist ein Mann im Salzsäurefass? Ein gelöstes Problem.
- Warum sind Blondinenwitze immer so kurz? Damit die Männer sie auch verstehen.
- Was ist, wenn ein Mann bis zum Bauchnabel im Wasser steht? Es geht über seinen Verstand!
- Was ist der Unterschied zwischen einem intelligenten Mann und dem Yeti? Der Yeti wurde schon mal gesehen!
- Sitzt ein kleines Mädchen in der Badewanne: »Mami, wo ist denn der Waschlappen?« Mami: »Der ist nur schnell Zigaretten holen!«
- Was sagte Gott, nachdem er den Mann erschaffen hatte? »Das kann ich aber besser.«

Klartext reden

Sie haben genug von Witzen und wollen Klartext reden? Sagen Sie dem Witzbold, dass Sie seine Sprüche nicht mehr hören können:

Herr Müller: »Was war der letzte Funkspruch der Challenger, bevor sie explodierte? Ich lasse jetzt mal die Frau ans Steuer ...«
Ihre Erwiderung: »Herr Müller, ich weiß zwar nicht, woher Ihr offensichtliches Problem mit Frauen herrührt. Es interessiert mich ehrlich gesagt auch nicht. Ich weiß nur, dass ich Ihre ständigen Witze über Frauen satt habe und nicht mehr hören kann. Sparen Sie sich das bitte in Zukunft. Punkt, aus, Ende.«
Ihre Erwiderung: »Meine Güte, Herr Müller, wir haben Ihre Witze über das weibliche Geschlecht jetzt lange genug geduldet. Sagen Sie mal, Herr Schmitt, wie finden Sie denn diese Geschichten? Finden Sie die Witze von Herrn Müller wirklich lustig? Oder kommen sie Ihnen, wie mir, schon längst zu den Ohren raus?«
Indem Sie einen Dritten mit ins Boot holen stärken Sie Ihre Position. Achten Sie jedoch darauf, dass Sie nicht gerade jemanden einsammeln wollen, der am lautesten über die besagten Witze lacht. Am erfolgversprechendsten ist, Sie suchen sich einen Mitstreiter aus, der – ähnlich wie Sie selbst – die Witze offensichtlich nicht als solche empfindet.

Die Waffen der Frau

Vielleicht war es Ihnen bisher nicht bewusst: Sie haben als Frau einen entscheidenden Vorteil, wenn es um schlagfertige Erwiderungen geht. Sie können einen harten Satz in der Sache weich machen, indem Sie den Angreifer zum Beispiel freundlich anlächeln, den Kopf schief legen oder die Worte mit einem lachenden Unterton aussprechen. Dadurch bringen Sie zum Ausdruck, dass Sie die Bemerkung gar nicht ernst nehmen, und spielen gleichzeitig Ihre emotionale Seite aus. Da Frauen und Männer bekanntermaßen unterschiedlich kommunizieren, wirkt dieser Gegensatz zusätzlich verwirrend auf einen männlichen Angreifer. Für ihn stimmen Ihre

harten Worte und Ihre weiche Körpersprache nicht überein und er weiß nun nicht, wie er das deuten soll.
Sie bringen zum Ausdruck, dass seine Bemerkung Ihnen offensichtlich Vergnügen bereitet, weil die Worte Sie zum Lachen bringen. Ihrem Angreifer fällt es damit zunehmend schwer, Sie zu attackieren. Dann stünde er nämlich als Spielverderber oder Spaßbremse da. Und das war ursprünglich weder seine Absicht noch ist er jetzt bereit, dieses Risiko einzugehen.
Auf der anderen Seite müssen Sie aufpassen, dass Sie durch ein keckes Lachen Ihr Gegenüber nicht dazu anstiften, weiter unpassende Äußerungen loszuwerden. Womöglich heißt es am Ende noch, Sie hätten es ja herausgefordert. Das bedeutet, dass Sie zwar durchaus eine konkrete Schlagfertigkeitstechnik anwenden (zum Beispiel das Kontern und Übertrumpfen). Dadurch zeigen Sie, dass Sie kein leichtes Opfer sind und Konter geben können. Durch ein begleitendes Lächeln mildern Sie die harten Worte aber ab, tragen zur Stimmungsverbesserung bei und können frisch und frei ein neues Gesprächsthema anschneiden.

Kritik und Feedback

Zu unterscheiden sind unsachliche und verletzende Äußerungen von ernst zu nehmendem Feedback. Unter Feedback verstehen wir eine Rückmeldung. Eine Rückmeldung ist wichtig, wenn wir wachsen und lernen wollen. Wir erfahren durch Feedback, wie andere unsere Leistungen beurteilen, und bekommen dadurch hilfreiche Informationen für das weitere Handeln. Feedback wirkt sich daher auf die Persönlichkeits- und Verhaltensentwicklung des Feedback-Empfängers aus.
Nun besteht eine Rückmeldung leider nicht immer aus einem dicken Lob, das anzunehmen frau meist leichtfällt. Manchmal besteht Feedback auch aus negativer Kritik. Negative Kritik hilft zwar ebenfalls bei der persönlichen Weiterentwicklung, ist aber für die meisten Frauen schwerer zu akzeptieren und anzunehmen.

So reagieren Frauen auf negative Kretik

Die meisten Frauen haben Schwierigkeiten, mit negativer Kritik umzugehen. Sie wissen noch Jahre später, wann und wo sie von jemandem kritisiert worden sind, und nehmen sich kritische Äußerungen sehr zu Herzen. Oft haben sie in der Folge regelrecht Angst vor Kritikgesprächen. Sie folgern aus einem gemachten und von anderen kommentierten Fehler, dass sie insgesamt fehlerhaft sind, und sehen darin eine Minderung ihrer Person. Der Grund dafür liegt in der Selbsteinschätzung der meisten Frauen verborgen: Sie sehen den eigenen Wert in ihrer Leistung verankert. Getreu dem Motto: »Du bist, was du leistest.« Wenn nun ein Fehler passiert ist, bedeutet das für sie in der Schlussfolgerung, dass weniger Leistung und damit auch weniger »Sein« vorliegt. Daraus folgt wiederum eine Überempfindlichkeit gegenüber kritischen Bemerkungen. Logisch, schließlich wird mit der kritischen Äußerung dann die eigene Person herabgesetzt – und das darf frau natürlich nicht zulassen!

Und so reagieren Männer!

Männer dagegen gehen mit Kritik ganz anders um. Sie nehmen kritische Äußerung zwar wahr, akzeptieren sie aber nicht so ungefragt, wie Frauen das gern tun. Frauen sehen aufgrund der engen Beziehung von Leistung und Selbstwert in der Kritik eine Art »Liebesentzug«. Sie sind aufmerksam und empfindlich gegenüber kritischen Äußerungen. Hören sie eine Bemerkung, die ansatzweise kritisch ist, können sie sich damit stundenlang beschäftigen. Sie fragen sich, ob sie wirklich etwas falsch gemacht haben, welche Konsequenzen sich daraus ergeben, und sind von ihren Leistungen schnell enttäuscht. Daher lassen sich Frauen auch rasch entmutigen: Wenn sie zum Beispiel eine neue Idee entwickelt haben, ist diese natürlich noch nicht ausgereift oder komplett durchdacht. Wenn sie in dieser Phase auf jemanden treffen, der entweder selbst kein Vorstellungsvermögen hat, grundsätzlich ein negativ denkender Mensch ist oder ihnen gegenüber negativ eingestellt ist, kann das fatale Folgen haben. Bemerkungen wie »So ein Blödsinn. Das funktioniert nie«, »Wenn es so leicht wäre, hätten das schon andere ausprobiert« oder »Das haben wir noch nie so gemacht« haben dann plötzlich die Macht, sie zu verunsichern.

Nicht so bei Männern: Männer sehen Kritik als Aufforderung an, den Kritikgeber zuerst einmal auf Herz und Nieren zu prüfen: Ist der andere überhaupt fähig und berechtigt, Kritik zu üben? Es entwickelt sich ein Gespräch, in dem es durchaus zum harten Austausch von Meinungen und Fakten kommen kann. Der Mann als Kritik-Empfänger erklärt im Regelfall zunächst, warum er so gehandelt hat und warum diese Handlung genau richtig war. Er prüft damit den Kritik-Geber auf seine Standhaftigkeit und seine Begründung für die zweifelnde Äußerung.

Hintergrund für diese Verhaltensweise ist die Tatsache, dass Männer in Gesprächen dominanzorientiert kommunizieren. Sie messen sich gern mit anderen. Daraus folgt, dass eine Kritik nur von jemandem angenommen wird, der als nicht untergeordnet empfunden wird und dementsprechend einem Konfliktgespräch gewachsen ist. Männer machen ihre Kritikfähigkeit stark von der Person des Kritisierenden abhängig. Frauen akzeptieren Kritik von fast jedermann und sind daher auch schneller verunsichert.

Sachliche und unsachliche Kritik

Kommt es zu einem Konflikt- oder Kritikgespräch, ist es wichtig, zwischen unsachlicher und sachlicher Kritik unterscheiden zu können. Sachliche Kritik ist ein Geschenk, weil sie Ihnen hilfreich ist. Unsachliche Kritik dagegen müssen Sie erkennen und sich von ihr abgrenzen. Sie hat keine Berechtigung, auf Ihr Verhalten Einfluss zu nehmen.

Nicht jede Person ist geeignet, Ihnen hilfreiche Kritik zu geben. Gute Kritiker sind nur Menschen, die Kompetenz besitzen und somit etwas von der kritisierten Sache verstehen, sich Zeit für ein Kritikgespräch nehmen und Ihnen wohlgesinnt sind. Bei Menschen, die eine Antipathie gegen Sie hegen, hört sich Kritik fast immer »gemein« oder unsachlich an. Gerade dann ist es besonders wichtig, dass Sie die Kritik sorgfältig prüfen. Hilfreiche Kritik erkennen Sie an den folgenden Faktoren:

- Der Kritiker zeigt Respekt vor Ihnen als Person.
- Der Kritiker drückt sich präzise aus und begründet seine Kritik.

- Der Kritiker ist bereit, unterstützend oder beratend zur Seite zu stehen.
- Der Kritiker weist keine Schuld zu.

Manchmal kommt es auch vor, dass jemand ohnehin bei schlechter Laune ist – und Sie kommen ihm jetzt auch noch in die Quere. Seine Kritik ist daher sachlich unbegründet und nur das Ergebnis seines allgemeinen Unmuts. Wenn Sie nicht sicher sind, ob Sie einen guten Kritiker vor sich haben, dann haken Sie mit offenen Fragen nach:

- »Wie stellen Sie sich eine Lösung des Problems vor?«
- »Wie würden Sie vorgehen?«
- »Warum vertreten Sie in diesem Punkt eine andere Meinung?«

Dank der Nachfragen erkennen Sie schnell Menschen, die bloß Ihre Idee zerstören wollen, ohne sachliche Argumente in der Hand zu haben. Mit Erklärungen oder Begründungen tun sie sich nämlich besonders schwer. Getrost können Sie solchen »Kritikern« mit kurzen Reaktionen wie »So, so« oder »Aha« den Wind aus den Segeln nehmen und wieder zum Thema zurückkehren.

Reagieren Sie nicht sofort

Ein Kritikgespräch verlangt übrigens nicht nach einer sofortigen Reaktion. Sie dürfen sich ruhig die Zeit nehmen, über das Gesagte nachzudenken. Dementsprechend kündigen Sie an, wie Sie sich das weitere Vorgehen nun vorstellen:

- »Ich denke über Ihren Vorschlag nach, vielen Dank.«
- »Ich erledige das bis heute Mittag.«
- »Ich muss über das Gesagte in Ruhe nachdenken und melde mich wieder bei Ihnen.«

Eine Kritik an der Kritik sollten Sie dagegen nur in Ausnahmefällen loswerden. Selbst wenn Sie zu dem Schluss kommen, dass vor Ihnen ein ungeeigneter Kritiker steht oder es sich um unsachliche Kritik handelt, kritisieren Sie diese nicht, sondern ignorieren sie elegant:

- »Ihre Meinung ist interessant. Darüber werde ich nachdenken.«
- »Sie haben eine außergewöhnliche Sichtweise.«
- »Ich lasse mir Ihre Worte durch den Kopf gehen.«

Sie lassen dadurch keine Diskussion über die Kritik zu und stellen diese nicht in den Fokus. Erklären oder begründen Sie Ihre Worte nicht weiter.

6 Übung macht die Meisterin

Ein bekanntes Sprichwort heißt »Übung macht den Meister«. Genau nach diesem Motto verfahren wir auf den folgenden Seiten. Also meine Damen, zücken Sie Ihre Stifte und üben Sie schriftlich. Der Ernstfall naht manchmal schneller, als frau denkt. Umso besser, wenn man darauf gut vorbereitet ist:

Angriff: »Bei Ihnen sieht's ja aus wie bei Hempels unterm Bett.«
Vorschlag: Schlagfertigkeitsstrategie »Frage-Taktik«.
Wenn Sie Fragen zur schlagfertigen Gegenwehr einsetzten, eignen sich hauptsächlich offene Fragen. Dadurch gewinnen Sie Zeit, Ihre weiteren Schritte zu überdenken. Vermeiden Sie, Ihre Frage zu erklären.

To do

Wie lauten Ihre konkreten Worte? Notieren Sie diese schriftlich:

Eine schlagfertige Antwort wäre zum Beispiel: »Aber Herr Maier, woher wissen Sie denn so genau, wie es bei Hempels unterm Bett aussieht?«

Angriff: »Haben Sie schon mal einen Rechtschreibkurs besucht?«
Vorschlag: Schlagfertigkeitsstrategie »Missverständnis«.
Missverstehen Sie den Angriff absichtlich, um so Verwirrung zu stiften und Ihrem Gegner zu signalisieren, dass ein sicherer Sieg seinerseits nicht mehr möglich ist. Sie offenbaren nicht, ob Sie die Attacke als solche wahrgenommen haben. Sie begeben sich nicht in eine Verteidigungsstellung und führen das Gespräch auf eine neutrale Ebene zurück – wirklich clever!

To do

Wie lauten Ihre konkreten Worte? Notieren Sie diese schriftlich:

____

____

____

Eine schlagfertige Antwort wäre zum Beispiel: »Nein, glücklicherweise hatte ich damit nie Probleme. Es freut mich allerdings sehr, dass Ihnen meine einwandfreie Rechtschreibung auffällt. Die meisten Menschen legen darauf ja leider keinen großen Wert mehr ...«

Angriff: »Müssen Sie immer die Chefin spielen?«
Vorschlag: Schlagfertigkeitsstrategie »Ausweichen«.
Sagen Sie, dass Sie nichts sagen. Mit dieser Taktik durchbrechen Sie die Erwartungshaltung des Gegenübers. Sie signalisieren, dass Ihnen diese Bemerkung keinerlei Kommentar wert ist. Halten Sie Blickkontakt und machen Sie durch Ihre Körpersprache deutlich, dass Sie selbst bestimmen, wann und wie dieses Gespräch beendet wird.

To do Wie lauten Ihre konkreten Worte? Notieren Sie diese schriftlich:

____

____

____

Eine schlagfertige Antwort wäre zum Beispiel: »Ach, wissen Sie was, gerade passt es nicht so gut. Darauf antworte ich Ihnen aber gern am Montagnachmittag.«

Angriff: »Sie wissen doch noch nichts vom Leben.«
Vorschlag: Schlagfertigkeitsstrategie »Richtungswechsel«.
Durch einen abrupten Themenwechsel irritieren Sie den Angreifer. Anstatt sich zu verteidigen, nehmen Sie das Gespräch in die Hand und lenken es in eine andere Richtung. Zitieren Sie Lebensweisheiten, ganz egal, ob diese zu der vorangegangenen Bemerkung passen. So läuft der Angriff geschickt ins Leere.

To do Wie lauten Ihre konkreten Worte? Notieren Sie diese schriftlich:

____

____

____

Eine schlagfertige Antwort wäre zum Beispiel: »Ich pflege zu sagen: Viele Köche verderben den Brei. An den meisten Sprichwörtern ist halt wirklich was Wahres dran ...«

Angriff: »Du bist ja schon rot im Gesicht.«
Vorschlag: Schlagfertigkeitsstrategie »Verwirrung«.

Zitieren Sie munter Lebensweisheiten oder sonstige Sprichwörter. Passen muss und soll Ihre Antwort zum Konter nicht. Ihrer Fantasie sind also keine Grenzen gesetzt.

To do

Wie lauten Ihre konkreten Worte? Notieren Sie diese schriftlich:

____

____

____

Eine schlagfertige Antwort wäre zum Beispiel: »Ich pflege zu sagen: Alle Wege führen nach Rom. An den meisten Sprichwörtern ist halt wirklich was Wahres dran …«

Angriff: »Sie sind heute morgen mal wieder zu spät gekommen. Sind Sie sicher, dass Sie hier fürs Arbeiten bezahlt werden?«
Vorschlag: Schlagfertigkeitsstrategie »Zustimmung«.
Vorausgesetzt, es handelt sich hierbei um einen teilweise berechtigten Vorwurf, gilt es, den Fehler zuzugeben und sich für diesen sachlich zu entschuldigen. So vermeiden Sie eine Diskussion und zeigen, dass Sie zu Ihren Fehlern stehen.

To do

Wie lauten Ihre konkreten Worte? Notieren Sie diese schriftlich:

____

____

____

Eine entsprechende Antwort wäre zum Beispiel: »Sie haben recht, ich kam heute morgen zu spät. Zum Glück kommt mein Auto heute aus der Reparatur und ich bin nicht mehr auf öffentliche Verkehrsmittel angewiesen. Damit hat sich das Problem dann erledigt.«

Angriff: »Das sieht man doch. Das sagt einem der gesunde Menschenverstand.«
Vorschlag: Schlagfertigkeitsstrategie »Kurz und knapp«.
Unverschämte Äußerungen sind nicht intelligent! Gehen Sie deshalb nie auf deren Inhalt ein und rechtfertigen Sie sich nicht. Eine kurze und knappe Antwort ist oft völlig ausreichend.

To do

Wie lauten Ihre konkreten Worte? Notieren Sie diese schriftlich:

____

____

____

Eine schlagfertige Antwort wäre zum Beispiel: »Ach was?«

Angriff: »Sie werden das nie schaffen.«
Vorschlag: Schlagfertigkeitsstrategie »Ausweichen«.
Schalten Sie auf Durchzug. Tun Sie so, als hätten Sie die Bemerkung des anderen überhaupt nicht wahrgenommen, und äußern Sie sich nicht verbal. Der andere weiß daher nicht, ob Sie seine Worte überhaupt gehört haben. Widerstehen Sie dem Drang, später doch noch eine schlagfertige Antwort zu geben. Dieses bewusste Schweigen hat mit der altbekannten Sprachlosigkeit nicht das Geringste zu tun.

Angriff: »Frau Meyer, bei Ihrem engen Pulli kann ich mich wirklich nicht konzentrieren.«
Vorschlag: Schlagfertigkeitsstrategie »Ausweichen« wählen und durch Gestik und Mimik sprechen.
Manchmal sagen Blicke mehr als Worte. Lassen Sie Gestik und Mimik sprechen. Sie signalisieren, dass Sie die Bemerkung zwar gehört haben, es bleibt allerdings offen, ob Sie diese als Angriff

interpretiert haben. Nehmen Sie Blickkontakt auf und demonstrieren Sie Stärke.

To do

Welche Gestik und Mimik wählen Sie? Notieren Sie diese schriftlich:

____

____

____

Eine schlagfertige Reaktion wäre zum Beispiel: Dem Angreifer freundlich zuzunicken, als würden Sie ihn grüßen.

Angriff: »Typisch Frau.«
Vorschlag: Schlagfertigkeitsstrategie »Auszeit« wählen und sich bedanken.
Sie signalisieren, dass Sie die Bemerkung zwar zur Kenntnis genommen haben, ihr jedoch absolut keine Wichtigkeit beimessen. Bedanken Sie sich bei Ihrem Gesprächspartner, wirklich so meinen müssen Sie es nicht. Hauptsache, schön freundlich!

To do

Wie lauten Ihre konkreten Worte? Notieren Sie diese schriftlich:

____

____

____

Eine schlagfertige Antwort wäre zum Beispiel: »Oh, vielen Dank. Ich weiß Ihre Worte zu schätzen.« Lächeln nicht vergessen!

Angriff: »Ich muss Ihnen sagen: Die Kollegen sind viel besser informiert als Sie.«
Vorschlag: Schlagfertigkeitsstrategie »Auszeit« wählen und um Geduld bitten.
Manche Bemerkungen fallen verfrüht. Möglicherweise haben Sie noch gar keine Zeit gehabt, zu zeigen, dass Sie ebenfalls bestens über alles informiert sind. Weisen sie in diesem Fall darauf hin und bitten Sie um Geduld.

To do

Wie lauten Ihre konkreten Worte? Notieren Sie diese schriftlich:

____

____

____

Eine schlagfertige Antwort wäre zum Beispiel: »Keine Sorge. Gedulden Sie sich bitte noch einen Augenblick, ich werde sofort unter Beweis stellen, dass ich ebenso gut informiert bin wie meine Kollegen.«

Angriff: »Sie sprechen immer so komisch leise.«
Vorschlag: Schlagfertigkeitsstrategie »Missverständnis« wählen und sich verhören.
Manchmal bietet es sich an, einzelne Wörter falsch zu verstehen und so dem Gesagten den ursprünglichen Sinn zu nehmen oder ihm einen neuen Sinn zu geben. Verbinden Sie das im Anschluss, wenn möglich, mit einem Themenwechsel.

To do

Wie lauten Ihre konkreten Worte? Notieren Sie diese schriftlich:

____

____

____

Eine schlagfertige Antwort wäre zum Beispiel: »Wie bitte? Wer spricht weise? Das verstehe ich nicht.« Verbunden mit einem ungläubigen Kopfschütteln.

Angriff: »Sie sind zu unerfahren, um das zu verstehen.«
Vorschlag: Schlagfertigkeitsstrategie »Gegenangriff«.
Bei dieser Taktik geht es darum, den Angriff des anderen durch Gegenwehr zu übertrumpfen. Seien Sie sich aber darüber im Klaren, dass Sie mit dieser Methode die Diskussion nicht beenden werden, da Sie den Provokateur nicht verwirren, sondern auf seinen Angriff voll einsteigen. Sie handeln also ganz nach dem Motto: »Wie du mir, so ich dir!«

To do

Wie lauten Ihre konkreten Worte? Notieren Sie diese schriftlich:

____

____

____

Eine schlagfertige Antwort wäre zum Beispiel: »Tja, lieber unerfahren als festgefahren.«

Angriff: »Sie können dem Thema wohl nicht folgen?«
Vorschlag: Schlagfertigkeitsstrategie »Gegenangriff«.
Unqualifizierte Bemerkungen können Sie ins Lächerliche ziehen und so signalisieren, dass der Angriff total unrelevant für das Gespräch ist. Bei mehreren Zuhörern können Sie durch eine pfiffige Antwort auch die Lacher auf Ihre Seite ziehen und jede Menge Sympathiepunkte sammeln.

To do

Wie lauten Ihre konkreten Worte? Notieren Sie diese schriftlich:

___

___

___

Eine schlagfertige Antwort wäre zum Beispiel: »Na, na, Sie sollten aber wirklich nicht von sich auf andere schließen ...«

Angriff: »Meine Güte, sind Sie dick geworden!«
Vorschlag: Schlagfertigkeitsstrategie »Gegenangriff«.
Stellen Sie sich selbstbewusst dem Angriff. Sagen Sie offen, dass Sie ihn auch als solchen empfunden haben. Dadurch bringen Sie den anderen in die Situation, sich für den Angriff rechtfertigen zu müssen. Sie zeigen, dass Sie sich nicht alles gefallen lassen.

To do

Wie lauten Ihre konkreten Worte? Notieren Sie diese schriftlich:

___

___

___

Eine schlagfertige Antwort wäre zum Beispiel: »Wieso sagen Sie mir das? Denken Sie, ich hätte das noch nicht bemerkt?«

Angriff: » Ihr Friseur ist wohl im Urlaub!«
Vorschlag: Schlagfertigkeitsstrategie »Zustimmung«.
Jeder wird gern gelobt. Machen Sie sich diese Tatsache zunutze und kontern Sie clever mit einem Kompliment. Indem Sie Ihrem Kompliment einen ironischen Unterton verleihen, verwirren und überraschen Sie gekonnt.

To do

Wie lauten Ihre konkreten Worte? Notieren Sie diese schriftlich:

____

____

____

Eine schlagfertige Antwort wäre zum Beispiel: »Haarscharf beobachtet! Leider ja. Jetzt kann ich es ja sagen: Von Ihrer Frisur war ich schon immer begeistert, vielleicht könnten Sie mir Ihren Friseur empfehlen!? Der Mann versteht ja offenbar sein Geschäft.«

Angriff: »Ich frage mich, warum man Sie eigentlich eingestellt hat!«
Vorschlag: Schlagfertigkeitsstrategie »Feststellung«.
Führen Sie dem anderen seinen aktuellen Gemütszustand vor Augen und machen Sie deutlich, dass sein Angriff auf seiner ohnehin schon schlechten Laune basiert. Es ist nicht nötig, dass Sie Ihre Erwiderung erklären oder gar hinzufügen, warum er oder sie wütend zu sein scheint.

To do

Wie lauten Ihre konkreten Worte? Notieren Sie diese schriftlich:

___

___

___

Eine schlagfertige Antwort wäre zum Beispiel: »Ich sehe, Sie sind momentan aufgebracht. Ich darf Sie daher beruhigen; meine Arbeit wird von Kollegen und Vorgesetzten gleichermaßen geschätzt.«

Angriff: »Auto fahren können Sie aber auch nicht.«
Vorschlag: Schlagfertigkeitsstrategie »Richtungswechsel«.
Diese Taktik bietet sich zum Beispiel an, wenn Sie gerade nicht in der Lage sind, zu reagieren. Sie lassen sich nicht anmerken, ob Sie den Angriff als solchen verstanden haben, allerdings wechseln Sie abrupt das Gesprächsthema und zeigen so, dass Sie nach wie vor Herrin der Gesprächsverlaufs sind.

To do

Wie lauten Ihre konkreten Worte? Notieren Sie diese schriftlich:

___

___

___

Eine schlagfertige Antwort wäre zum Beispiel: »Wo Sie gerade das Thema Auto ansprechen, haben Sie von den Schwierigkeiten in der Automobilbranche gehört? Erst gestern habe ich in der Financial Times gelesen, dass …«

Und nun geht es ans Eingemachte. Härten Sie sich ab und kontern Sie nach freien Stücken oder – wie der Berliner sagen würde – »frei Schnauze« auf die folgenden Angriffe:

Angriff: »Welcher Idiot hat Ihnen denn diesen Floh ins Ohr gesetzt?«

___

Angriff: »Sie verstehen aber auch keinen Spaß!«

___

Angriff: »Machen Sie mal schneller.«

___

Angriff: »Nimm doch nicht alles so bierernst.«

___

Angriff: »Einbildung ist auch ne Bildung.«

___

Angriff: »Das glaub ich nicht.«

___

Angriff: »Ihnen gehen wohl die Argumente aus?«

___

Angriff: »Sie sind aber ganz schön kleinlich.«

____

Angriff: »Ihr Schreibtisch ist ja eine Müllhalde.«

____

Angriff: »Das habe ich Ihnen doch schon über 1000-mal erklärt.«

____

Angriff: »Sie haben wieder mal nicht zugehört.«

____

Angriff: »Ah, ist der Brief immer noch nicht fertig?«

____

Angriff: »Bei so einem Vorschlag muss ich an Ihrer Intelligenz zweifeln.«

____

Angriff: »Sie sind definitiv nicht schlagfertig.«

____

Angriff: »Widersprechen Sie nicht, nur um Zeit zu gewinnen.«

____

Angriff: »Darf ich aus Ihren roten Fingernägeln Rückschlüsse ziehen?«

Angriff: »Ihre Abteilung produziert doch nur Papier.«

Angriff: »Manche Menschen glauben, Sie können mehr leisten. Ich gehöre nicht dazu.«

Angriff: »Sie sehen reichlich übernächtigt aus.«

Angriff: »Aber Sie brauchen doch nicht gleich rot zu werden.«

Angriff: »Das ist der größte Schwachsinn, den es gibt.«

Angriff: »Lernen Sie erst einmal, was es heißt, selbstständig zu arbeiten.«

Angriff: »Sie sind arrogant und unhöflich.«

Angriff: »Man hört nur Beschwerden über Sie.«

____

Angriff: »Sie tragen heute ja schon wieder dieselben Sachen.«

____

Angriff: »Sie sind ein schlechter Zuhörer.«

____

Angriff: »Da liegen Sie falsch, hätten Sie mal besser mich gefragt.«

____

Angriff: »Macht Ihnen die Arbeit keinen Spaß?«

____

Angriff: »Mit Ihnen will doch keiner zusammenarbeiten.«

____

Angriff: »Sie haben in Ihrer Abteilung ein Chaos hinterlassen, bevor Sie in Urlaub gefahren sind.«

____

Angriff: »Sie sind ja nur Statistin Ihrer Vorgesetzten.«

____

7 Schlussakkord

Der Mensch ist nicht zum Vergnügen, sondern zur Freude geboren.
Paul Claudel

Rache ist süß, aber nicht schlagfertig

Wer hat nicht schon einmal mit dem Gedanken gespielt, es dem unverschämten Kollegen, dem Ex-Freund, dem Vermieter oder einem ehemaligen Vorgesetzten so richtig heimzuzahlen? Wie sagt der Volksmund: Rache ist süß. Diverse Frauenzeitschriften und Magazine geizen nicht mit entsprechendem Nachhilfematerial: Sie könnten zum Beispiel anonym kiloweise Werbekataloge, möglichst mit schlüpfrigen Inhalten, bestellen und dem Objekt der Rache per Post senden lassen. Oder seinen teuren, heiß geliebten Sportwagen im Parkhaus abstellen und danach erklären, dass Sie sich dummerweise einfach nicht mehr daran erinnern können, welches Parkhaus es gewesen sei. Oder in seinem Umfeld ein paar unangenehme Gerüchte streuen. Oder anonyme Briefe senden. Und zu guter Letzt bietet ja auch noch das World Wide Web zahlreiche Möglichkeiten, jemanden nachhaltig in Misskredit zu bringen. Solange sich die Rachepläne nur in Ihrem Kopf abspielen, können Sie dafür, zumindest aus juristischer Sicht, nicht belangt werden.
Ich will nicht abstreiten, dass obige Beispiele auf eine gewisse Art verlockend wirken. Trotzdem liegen Sie falsch, wenn Sie glauben, dass ich Sie jetzt dazu ermuntern werde, Rache zu üben. Ganz im Gegenteil. Der Ausspruch »Rache ist süß« mag in manchen Fällen zwar durchaus seine Berechtigung haben. Allerdings ist die dadurch erhaltene Genugtuung meist von kurzer Dauer. Und im Endeffekt schaden Sie sich nur selbst. Mit den neu erlernten Schlagfertig-

keitstaktiken fahren Sie von vornherein besser, haben die Lacher auf Ihrer Seite und in der Folge auch weit weniger Rachegelüste.

Erziehung ist Elternsache

Viele Menschen sehen Rache als eine erzieherische Maßnahme, die den Angreifer belehren und ihm signalisieren soll, dass frau nicht gewillt ist, dieses Benehmen zu dulden, und vor allem, dass man so nicht mit ihr umgehen kann. Allerdings tragen Sie durch eine derartige Verhaltensweise nicht dazu bei, den Ihnen entgegengebrachten Respekt zu fördern. Vielmehr machen Sie deutlich, dass Sie lieber hintenrum intrigieren, als den bestehenden Konflikt auf offene Art und Weise aus der Welt zu schaffen. Auch drängen Sie sich selbst in die Opferrolle, indem Sie schlimmstenfalls sogar suggerieren, es nicht anders mit dem Ex-Mann, dem Kollegen, dem Vorgesetzten oder einem anderen Angreifer aufnehmen zu können.

Wie heißt es doch: »Wer andern eine Grube gräbt, fällt selbst hinein.« So ähnlich verhält es sich auch mit der Rache. Wer nicht darauf verzichten kann (und will), Rachepläne zu schmieden und diese in die Tat umzusetzen, auf den wird die Rache früher oder später selbst zurückfallen. Ich glaube fest daran, dass alles, was wir tun, zu uns zurückkommt.

z.B.

Sie sind in Eile, ein wichtiger Termin steht an. Wie jeden Morgen wollen Sie sich auf Ihr Rad schwingen, um zur Arbeit zu fahren. Aber irgendjemand hat Ihnen einen Strich durch die Rechnung gemacht. Ihr Reifen ist platt.

Immer wieder die gleiche Tortour. Sie sind gerade am Einschlafen und kurz davor, in einen schönen Traum einzutauchen, da klingelt das Telefon. Nach längerem Überlegen, ob es sich lohnt, noch einmal aus dem gemütlichen Bett zu steigen, entscheiden Sie sich dafür. Es könnte ja wichtig sein. Als Sie abnehmen, ertönt das Freizeichen, der Anrufer hat aufgelegt. Nacht für Nacht das gleiche Spiel.

Die vorangegangenen Beispiele sollen deutlich machen, dass sich in solch einer Situation entscheidet, wie es um Ihre momentane Stimmungslage, nennen wir es einfach Karma, bestellt ist. Der Begriff Karma hat in diesem Zusammenhang nichts mit Spiritualität zu tun. Vielmehr geht es um das Karma, das Sie im Hier und Jetzt umgibt und Ihre momentane Lage widerspiegelt.

Ein Mensch, der sich in seinem Leben mit Rache umgibt, wird bei nächtlichen Telefonanrufen sofort einen Angriff wittern. Die ehemals beste Freundin, die nach einem schlimmen Streit wohl eher zu einer Feindin geworden ist? Wer weiß schon, ob vielleicht sie es ist, die sich einen Spaß daraus macht, Nacht für Nacht das Telefon klingeln zu lassen, um Ihnen den Schlaf zu rauben? Wäre doch möglich und dieser Person durchaus zuzutrauen. Schließlich hat sie Sie schon einmal bitter enttäuscht und ausgetrickst. Und wer einmal so etwas gemacht hat, dem traut frau es eben immer wieder zu. Ähnlich verhält es sich mit dem platten Reifen. Wer weiß, ob nicht die neuen Mieter, die seit Kurzem über Ihnen wohnen, dafür verantwortlich sind. Erst letzte Woche haben Sie deutlich zum Ausdruck gebracht, dass Ihnen der andauernde Lärmpegel von oben auf die Nerven geht, und freundlich, aber bestimmt darum gebeten, diesen zu reduzieren oder besser gleich abzustellen. Andernfalls müssten Sie andere Maßnahmen in Erwägung ziehen.

Wer allerdings ein Leben frei von eigenen Rachefeldzügen führt, dem fällt es leichter, entspannt und optimistisch an ein Missgeschick oder eine Panne zu glauben. Kann ja schließlich mal passieren! Diese Menschen entgehen der Gefahr, in anderen gleich »Böses« zu vermuten. In diesem Fall überlegt frau erst einmal genau, welche Ereignisse sonst noch zu diesen widrigen Umständen geführt haben könnten. Möglichweise macht sich jemand einen Spaß daraus, zu später Stunde anzurufen, selbstverständlich ohne böse Hintergedanken und auch ganz bestimmt nicht gegen Sie persönlich gerichtet. Und könnte es nicht möglich sein, dass Sie gestern über einen spitzen Stein oder eine Glasscherbe gefahren sind, ohne dies zu bemerken? Es war ja schließlich auch schon sehr dunkel auf dem Heimweg. Der platte Reifen wäre also die Folge eines unglücklichen Zufalls, für den niemand zur Verantwortung gezogen werden kann. Wer es schafft, aufkeimende Rachegelüste zu unterdrücken und darauf zu verzichten, dem anderen Steine in den Weg zu legen oder ihn durch fiese Attacken ins Unglück zu stürzen, tut sich letztendlich selbst einen Gefallen, weil er nicht überall mutwillige Beleidigungen oder Zerstörungen erahnen muss. Die Devise lautet also: Positiv denken und handeln.

Lieber verzeihen und vergessen, als zu rächen

Meine Empfehlung, auf Rache zu verzichten, bedeutet aber nicht automatisch, dass Sie sich nicht wehren sollen. Immerhin haben wir gerade Ihre Schlagfertigkeit trainiert. Wenn Sie in irgendeiner Weise angegriffen werden, ist es völlig legitim sich zur Wehr zu setzen. Viel mehr noch sollen Sie Ihre »Frau« stehen und sich nicht alles gefallen lassen. Frau ist nicht das schwache Geschlecht. Dieses Klischee ist längst überholt. Gefühle der Rache zu verspüren, wenn frau enttäuscht, gekränkt oder ausgetrickst wurde, ist absolut normal und verständlich, da jede von uns das schon einmal erlebt hat.

Lassen Sie sich nur niemals dazu hinreißen, nach dem Motto: »Wie du mir, so ich dir!« zu leben. Diese Einstellung hätte zur Folge, dass Sie sich nicht so zufrieden und ausgeglichen fühlen, wie es eigentlich möglich wäre. Sich überlegen zu müssen, wie Sie sich am besten rächen, belastet Ihren Kopf nur unnötig mit Überflüssigem. Sie sollten sich ganz auf sich selbst konzentrieren und sich um die wesentlichen Dinge kümmern. Vergessen Sie auch nicht, dass Sie sich jedes Mal, wenn sie auf Rache verzichten, in Vergeben und Verzeihen üben. Eigenschaften, die von Größe und Stolz zeugen. Also lieber verzeihen und vergessen, als zu rächen. Ein stetiger Einklang mit den eigenen Handlungen verhindert, dass Sie vielleicht doch mal über das Ziel hinausschießen und am Ende als die eigentliche Täterin dastehen.

Denn nichts ist peinlicher, als sich rächen zu wollen und dann einsehen zu müssen, dass sich die Tat nur noch mit einer Entschuldigung retten lässt. Dann würden Sie sich klein und blöd fühlen, obwohl Sie es wahrscheinlich nicht mal darauf angelegt haben. Überlegen Sie sich also gute Konterstrategien, die nicht auf Rache basieren. Eine schlagfertige Antwort »rächt« besser als jede Rachehandlung.

Nein sagen und Grenzen aufzeigen

Frauen fällt es oftmals schwer, »Nein« zu sagen und dadurch frühzeitig Grenzen aufzuzeigen. Sie sind häufig der Meinung, dass der Kollege doch erkennen müsste, dass ihnen beispielsweise nicht an der Mitarbeit im neuen Projekt gelegen ist, weil ihr Schreibtisch ohnehin schon überfüllt ist. Oder dass der Sprücheklopfer seine Anmache bestimmt demnächst wieder ungehört in der Schublade verstaut, da frau ja ganz offensichtlich nicht darauf eingeht. Für Frauen bedeutet ein »Nein« sehr oft Zurückweisung. Sprechen sie selbst dieses Wort aus, haben sie die Sorge, dass es zu Verstimmungen auf der Beziehungsebene kommen könnte. Und genau diese Ebene ist Frauen eben sehr wichtig. Wird ihnen gegenüber das »Nein« ausgesprochen, empfinden sie es logischerweise als Affront und leiden dementsprechend darunter. Es wäre jedoch ein Trugschluss, zu glauben, dass das Leben ohne »Nein« einfacher ist. Sicher nicht. Im Gegenteil: Mit jedem Tag wird es schwieriger, aus dieser Rolle auszusteigen. Einfacher wäre es daher, erst gar nicht in diese Verhaltensweise zu verfallen. Die Fähigkeit, auch einmal »Nein« zu sagen, kann da nützliche Dienste erweisen, auch wenn genau das gar nicht so einfach ist. Vor allen Dingen deshalb, weil frau niemanden vor den Kopf stoßen möchte. Das Paradoxe dabei ist, dass frau sich für den Moment zwar erleichtert fühlt, wenn sie »Ja« zu etwas sagt, das dann im Nachhinein aber (bald) bereut.

Nette Neins

Nein zu sagen muss nicht einer harschen Zurückweisung gleichkommen. Es gibt auch nette Möglichkeiten, eine Absage zu formulieren. So zum Beispiel:

- »Geben Sie mir etwas Bedenkzeit.«
  Oder noch genauer: »Lassen Sie mich darüber nachdenken. Ich rufe Sie in einer Stunde zurück.« Rufen Sie nach genau einer

Stunde an (nicht vergessen!) und sagen Sie höflich und klar »Nein.« Die Bedenkzeit und der zuverlässige Rückruf machen das »Nein« wohlüberlegt und weniger hart.

- »Das ist ein interessantes Angebot.«
  Zunächst würdigen Sie das Anliegen des anderen mit Anerkennung: »Das ist ein interessantes Angebot/eine interessante Idee.« Machen Sie dann deutlich, dass Ihre Kräfte zurzeit anderweitig stark gebunden sind und Sie deshalb Nein sagen müssen. Erklären Sie aber nicht, was »das andere« ist und warum Sie sich lieber darum kümmern möchten. Erfahrungsgemäß findet die Person »ihr« Projekt meist wichtiger und könnte Sie zum Mitmachen überreden wollen.
- »Ich schätze Sie sehr.«
  Wendet sich jemand mit einer Bitte oder Anfrage an Sie, so loben Sie zunächst Ihr Gegenüber. Die Absage lautet dann: »Ich würde sehr gern zusagen, weil ich mir die Zusammenarbeit sehr gut vorstellen kann. Aber leider ...«
- »So etwas tue ich prinzipiell nicht.«
  Erstaunlicherweise stecken Menschen eine Absage besser weg, wenn ihnen bewusst ist, dass der andere etwas grundsätzlich nicht tut. Beispiel: »Ich kaufe niemals etwas an der Tür.«
- »Das tut mir leid für Sie!«
  Das »Nein«, getarnt als »Das tut mir leid für Sie« und verbunden mit der Aussage »Ich hoffe, Sie finden bald eine Lösung«, ist ein willkommener Ausweg bei indirekten Anfragen.
- »Das passt mir im Augenblick leider nicht.«
  Dabei handelt es sich um eine Worthülse, die eigentlich nur verschiebt. Dennoch stellt sie so manchen Fragesteller zufrieden und er lässt seine Bitte fallen. Das gilt insbesondere, wenn die Sache schnell erledigt werden sollte.
- »Ähm ... nein.«
  Sie sagen, was Sie denken: »Nein.« Die kleine Bedenkpause davor signalisiert, dass Sie wirklich über die Anfrage nachgedacht haben, sie aber nicht annehmen können. Das »Nein«

sollten Sie allerdings mit fester Stimme und sicherem Blick sagen. Dadurch wird Ihrem Gesprächspartner klar, dass es sinnlos ist, einen Versuch zu starten, Sie zu überreden.

Konfliktsituationen diplomatisch entschärfen

Wie bitte? Sie sind nach allen Regeln der Kunst vorgegangen und sind jetzt ganz offensichtlich trotzdem irgendwie und irgendwo in Ungnade gefallen? Zumindest legen die aggressiven Sprüche des Kollegen genau diesen Schluss nahe. Ein paar Mal können Sie es natürlich mit Kontern probieren; zur Konfliktklärung trägt das jedoch nicht unbedingt bei. Zwar kommen Kontroversen in den besten Familien und Unternehmen vor, sie können unbewältigt aber auch dazu führen, dass das bislang angenehme Büroleben zur Hölle wird. Seien Sie sich darüber bewusst, dass Sie als Frau statistisch gesehen gute Chancen haben, zum Opfer einer Mobbing-Kampagne zu werden. Mobbing hat in den meisten Fällen seine Ursache in einem unausgetragenen Konflikt, der weiter schwelt und schließlich in gemeinen Attacken und dem Ausschluss eines Mitarbeiters aus dem Kollegenkreis endet.

Gefahr: Mobbing

Umso wichtiger ist, einen Konflikt nicht zur Seite zu schieben, sondern als Frau seinen Mann zu stehen und im klärenden Gespräch wieder alles in geordnete Bahnen zu lenken.

Es ist natürlich vollkommen normal, dass es zu Schwierigkeiten kommt, wenn Menschen zusammenleben oder miteinander arbeiten. Aufgrund der unterschiedlichen Persönlichkeitsstrukturen ist es unvermeidbar, dass es hin und wieder zu einem großen »Knall« kommt. Konflikte müssen nicht das Ende einer guten Beziehung zum Kollegen sein, sondern stellen sich oftmals als reinigendes Gewitter heraus. Immer vorausgesetzt, Sie beachten zur Konfliktklärung einige Spielregeln. Um Konflikte so auszutragen, dass diese in einem Ausgleich münden und ein spannungsfreies Verhältnis wiederhergestellt werden kann, bedarf es zunächst einer sorgfältigen Analyse der Situation.

> Konflikte sind fast schon programmiert, wenn Menschen mit unterschiedlichen Interessen, Zielen, Ansichten, Gewohnheiten, Gefühlen und Wahrnehmungen aufeinandertreffen. Kontroversen sind nahezu unvermeidbar und gehören zum täglichen Leben dazu. Wie Sie einer Konfliktsituation begegnen, ist ganz allein Ihre Entscheidung.

Um zukünftig bei einem Disput besser agieren und reagieren zu können, sollten Sie kurz innehalten und herausfinden, welche Einflussfaktoren bei Konflikten eine Rolle spielen. Zum Beispiel:

- Glaubenssätze und Überzeugungen
- Gefühle und Wahrnehmungen
- Gedanken und Handlungen

Immer dann, wenn unterschiedliche Auffassungen, Interessen, Ziele oder Ansichten aufeinanderprallen, gibt es Konfliktpotenzial. Nicht immer wird ein Konflikt nach außen getragen und offensichtlich; manchmal spielt er sich auch »nur« in unserem Inneren ab und wir empfinden »zwei Seelen« in unserer Brust.

- Interpersoneller Konflikt: Bei einem solch offenen Konflikt liegt der Streitpunkt im zwischenmenschlichen Bereich von Personen untereinander. Der Konflikt wird dadurch offensichtlich, dass es zu (verbalen) Auseinandersetzungen kommt.
- Intrapersoneller Konflikt: Ein innerer Konflikt wird anderen Personen nicht unmittelbar durch Worte oder Handlungen deutlich, sondern spielt sich nur im eigenen Denken und Fühlen ab. Mittelbar kann sich der innere Konflikt beispielsweise äußern, indem Sie Ihren Widersacher an anderer Stelle verbal attackieren oder vor anderen schlecht über ihn reden.

Konfliktarten

Konflikt ist nicht gleich Konflikt. Tatsächlich unterscheidet man fünf verschiedene Konfliktarten:

1. Verteilungskonflikt
   Im Verteilungskonflikt geht es stets um Aufgaben oder Dinge, die der eine dem anderen entweder abringen oder an ihn abgeben möchte. Das Prinzip lautet: Sieg oder Niederlage, Geben oder Nehmen. Zum Beispiel:
   - mehr Gehalt bekommen
   - mehr Aufmerksamkeit erreichen, zum Beispiel vom Vorgesetzten
   - mehr Macht erhalten
   - den eigenen Kompetenzbereich erweitern wollen
   - gesteigerte Wertschätzung – zum Beispiel der eigenen Leistung – erreichen wollen
   - Verantwortung abgeben wollen
   - Übermitteln schlechter Nachrichten, zum Beispiel Kündigungen, an andere abgeben
   - Fehler weiterreichen
   - Schuldzuweisungen aussprechen
   - drohende Niederlagen abwälzen

   Die Lösung solcher Konflikte erfolgt meist durch ein Machtwort des Vorgesetzten oder durch den Rückzug eines Konfliktbeteiligten.
2. Zielkonflikt
   Zunächst hört es sich kompliziert an, aber das ist es eigentlich nicht. Von einem Zielkonflikt spricht man dann, wenn Menschen unterschiedliche Zielvorstellungen verfolgen oder mit widersprechenden Zielen konfrontiert werden:
   - Andere Zielvorstellungen: Zwei Menschen = zwei unterschiedliche Interessen. Ihr Partner möchte zum Beispiel einen gemütlichen Abend auf dem Sofa verbringen und Sie wollen ausgehen, um der ganzen Stadt Ihr neues Kleid vorzuführen. Nun stellt sich beim Austragen des Konflikts die Frage, wer sein Ziel mit der besseren Argumentation durchsetzen kann.

- Sich widersprechende Ziele: Ziele, die nicht miteinander im Einklang stehen, erleben Sie zum Beispiel, wenn Sie zum einen Neuerungen umsetzen, zum anderen aber Altbewährtes nicht über Bord werfen wollen.

3. Rollenkonflikt
   Im Berufs- wie auch im Alltagsleben werden uns bestimmte Rollen zugeschrieben, die wir erfüllen wollen oder sogar müssen. Mit einer Rolle übernehmen wir Aufgaben und Zuständigkeiten. Gleichzeitig werden an uns aber auch Erwartungen, Rechte und Pflichten herangetragen. Wenn wir den Anforderungen nicht gerecht werden, geraten wir in einen Konflikt:
   - Man wird in seiner Rolle nicht anerkannt: Dieser Konflikttyp ist insbesondere dann zu beobachten, wenn ein Kollege zum Chef befördert wird. Meist fällt es dem früheren Kollegen in der Chefrolle schwer, seine Mitarbeiter davon zu überzeugen, dass er ab sofort das Sagen hat. Kein Wunder, bis vor Kurzem war man ja noch Kollege und gleichberechtigt!
   - Man fühlt sich in einer Rolle nicht wohl: Solch ein Rollenkonflikt kann entstehen, wenn jemand zur Führungskraft befördert wird, sich aber mit dieser neuen Rolle unwohl oder gar überfordert fühlt. Anstatt die Führungsrolle zu übernehmen, hält er dann lieber an gewohnten Sachaufgaben fest und wird dadurch langfristig keine Erfolge erzielen.
4. Wahrnehmungskonflikt
   Konflikte entstehen auch dadurch, dass verschiedene Personen eine unterschiedliche Wahrnehmung von einem Sachverhalt, einer Person oder einem Vorgang haben. Wir sprechen dann von einem Wahrnehmungskonflikt. Ausgelöst werden kann diese Kontroverse durch unterschiedliche Erfahrungen, verschiedene Interessen oder dadurch, dass wir von einer Sache mehr oder weniger emotional berührt sind.

5. Beziehungskonflikt
   Diese Konfliktart wird von den Beteiligten meist unterschätzt, da in diesem Fall nicht die Sache als Streitgrund im Mittelpunkt steht, sondern eine andere Person, die negative Gefühle in uns weckt. Genau dieser Beziehungskonflikt wird besonders häufig von Frauen beschrieben. Logisch, denn sie kommunizieren insbesondere auf der Beziehungsebene und sind hier besonders sensibel für etwaige Unstimmigkeiten. Die Klärung der Situation kann nur dann erfolgreich sein, wenn beide Seiten bereit sind, offen über ihre negativen Gefühle zu sprechen. Beziehungskonflikte treten sehr häufig in der Anfangsphase von Projekten auf. Das Team muss sich erst finden und die Beziehungen untereinander müssen geklärt werden.

Konfliktverhalten: Kein Buch mit sieben Siegeln

Das Konfliktgeschehen, sowohl bei direkten Konfrontationen als auch bei stetigen Sticheleien und Reibereien, findet stets auf zwei Ebenen statt. Die eine ist deutlich erkennbar im Verhalten und Argumentieren und wird so nach außen getragen. Die andere Ebene findet im Verborgenen, in der Gefühlswelt und im Denken, statt. Da die emotionale und geistige Belastung in einem Konflikt oft ungleich höher ist als das, was sich teilweise in knappen Worten oder bewusst gesteuertem Verhalten ausdrückt, kann man die Ebenen des Konfliktgeschehens sehr gut durch das Bild eines Maulwurfshügels veranschaulichen. Sichtbar, wie die aufgeschüttete Erde des Maulwurfhügels, sind beim Konflikt die Argumente, die Sachlage und das Verhalten. Unsichtbar und im Verborgenen liegen Gefühle wie Angst, Verletzlichkeit, Ablehnung, Ärger und die Interpretation des Geschehens.
Wie Menschen mit einer Konfliktsituation dann tatsächlich umgehen, wird durch die folgenden beiden inneren Absichten beeinflusst:

- Ich will Frieden haben.
- Ich will recht behalten und mich durchsetzen.

Diese beiden Absichten stehen jedoch im Widerspruch zueinander. Es ist nun mal nicht leicht, gleichzeitig recht zu behalten beziehungsweise zu bekommen und den Frieden zu wahren. Gerade deshalb teilt sich unser Verhalten in verschiedene Motive auf und wir verfolgen, je nach Situation und je nach Naturell, unterschiedliche Ziele:

Eigene Absichten durchsetzen

Das Hauptmotiv dieses Standpunktes ist der persönliche Siegeswille. Wir haben ganz klare Vorstellungen davon, wie der Konflikt zu regeln ist, und tun alles dafür, die eigenen Vorstellungen durchzusetzen. Mittel zur Durchsetzung können zum Beispiel sein: moralischer Druck, Drohungen oder – weniger bedrohlich – das Überreden.

Nachgeben

Gut: Nachgeben aus taktischen Gründen

Frieden und Harmonie können durch Nachgeben besonders leicht gewahrt werden. Das bedeutet jedoch nicht zwingend, dass man dabei im Ansehen des anderen steigt. So kann man durch häufiges Nachgeben auch Schwäche signalisieren und sich unversehens zum Opfer weiterer Konflikte oder verbaler Attacken machen. Natürlich gibt es auch das Nachgeben aus taktischen Gründen (zum Beispiel, um an anderer Stelle nicht nachgeben zu müssen). Dagegen ist nichts einzuwenden.

Konflikte nicht wahrnehmen

Das Prinzip lautet: Wenn ich den Konflikt nicht sehe, ist er auch nicht vorhanden. Das erinnert ein bisschen an das Verhalten von Kindern, die sich die Hände vor die Augen halten und meinen, dadurch für andere unsichtbar zu sein. Das Ignorieren von Konflikten ist typisch für sehr sachbezogene Personen, die sich tendenziell der Gefühlswelt verweigern. Dahinter steht sehr häufig die Auffassung, dass nicht geäußerte oder zugelassene Gefühle auch keine Kontroversen erzeugen könnten.

Kompromiss aushandeln

Pragmatiker handeln gern Kompromisse aus. Sie sind der Auffassung, dass man im Leben zwar nicht alles haben kann, aber auch nicht auf alles verzichten muss. Beim einseitigen Kompromiss werden eigene Wünsche zugunsten von Zugeständnissen an die andere Seite reduziert. Wer allzu oft und allzu leicht die eigenen Vorstellungen zurücknimmt, der gerät unter den Verdacht der Schwäche und wird nicht mehr als gleichwertiger (Verhandlungs-) Partner wahrgenommen. Etwas anders sieht die Sache aus, wenn wir von einer gemeinsamen Problemlösung sprechen: Dann gibt jeder der Konfliktpartner ein Stück weit nach und man trifft sich »in einer akzeptablen Mitte«.

Gemeinsame Problemlösung

Wie sich jemand in einer Konfliktsituation verhält beziehungsweise wie er sein Ziel anstrebt, ist abhängig vom Persönlichkeitstyp, vom Charakter und von der Lebenserfahrung. Meist lassen sich die Menschen in ihrem Konfliktverhalten in drei verschiedene Verhaltensmuster einsortieren: Sie verhalten sich logisch-sachlich, emotional oder beziehungsorientiert.

Logisch-sachliches Verhalten

Dieses Verhalten ist, wenn Sie mich fragen, schon sehr bewundernswert, aber leider ganz und gar nicht weiblich: Menschen (Männer), die dieses Verhalten in einem Konflikt an den Tag legen, besitzen auch noch bei den härtesten Auseinandersetzungen die Fähigkeit, klar und logisch zu denken. Auf diese Weise behalten sie nur das Problem im Auge, sind emotional wesentlich weniger beteiligt, lassen sich nicht unter Druck setzen und sich nicht zu unbedachten Äußerungen hinreißen. Obwohl dieses Verhalten sehr problemlösungsorientiert ist, besteht die Gefahr, dass »mann« mit diesem Verhalten nur eingeschränkt wahrnimmt, was um ihn herum passiert, und wesentliche Elemente eines Konflikts (wie zum Beispiel Störungen auf der Beziehungsebene) dabei nicht berücksichtigt werden.

Emotionales Verhalten

Menschen, die dieses Verhalten zeigen, sind von Natur aus sehr gefühlsbetont und geben sich in Konflikten leicht zu erkennen: So zum Beispiel durch zitternde Hände, eine erhöhte Stimmlage, hektisches Atmen oder eine angespannte Mimik. Im Gegensatz zum wohl überlegenden Logiker kann der emotionale Typ sein Verhalten nicht immer kontrollieren. Für den emotionsgesteuerten Menschen gilt, dass er seine eigene Person mit den eigenen Zielen, Absichten und Befindlichkeiten in den Mittelpunkt des Konflikts stellt.

Beziehungsorientiertes Verhalten

Ziel: eine friedliche Einigung

Personen mit diesem Verhaltensmuster legen ihren Verhaltensschwerpunkt darauf, mit ihrer Umwelt in Harmonie zu leben. Sie ertragen auch nur schwer Konflikte zwischen Dritten. Daher neigen sie dazu, als Vermittler, Friedensstifter oder Schlichter aufzutreten. Ihr Ziel ist, immer eine friedliche Einigung herbeizuführen. Sind sie Unbeteiligte in einem Konflikt, dann eignen sie sich sehr gut für die Rolle des Friedensstifters. Werden diese Menschen allerdings aktiv in einen Konflikt hineingezogen, kann ihnen ihr Wunsch nach Harmonie zum Verhängnis werden.
Sowohl der Logiker als auch der Emotionale spüren instinktiv, dass der Beziehungsorientierte an dieser Stelle äußerst verwundbar ist – sie werden diese Schwäche immer zu ihrem eigenen Vorteil nutzen.

Jeder Mensch trägt Teile aller drei Verhaltensmuster in sich. Welches Muster stärker hervortritt, wird in erster Linie durch die Persönlichkeit, den Charakter und die Lebenserfahrung bestimmt. Aber auch Zeit, Ort und Situation des Konflikts sowie die momentane Verfassung des Einzelnen haben Einfluss darauf, welches der Verhaltensmuster dominiert.

Tipps für das konstruktive Konfliktverhalten

In jedem Konflikt gibt es zumeist drei Parteien: den Angegriffenen, den Angreifer und den Beobachter. Auch stecken in jeder Auseinandersetzung verschiedene Konfliktphasen. Je früher Sie klärend eingreifen, umso besser.

Die erste Konfliktphase

Die erste Konfliktphase ist durch Verstimmung und Verärgerung gekennzeichnet.
Ihr Verhalten als Opfer: Stellen Sie sich zur Klärung der kritischen Situation folgende Fragen: Was bedrückt Sie genau? Wo genau verschlechtert sich die Beziehung zu einer der Personen im Arbeits- oder Lebensumfeld? Analysieren Sie ihre Gefühle und betrachten Sie hierbei auch die anderen Akteure.
Wenn Sie Ihre eigene Position, Ihren eigenen Standpunkt überprüft haben, sollten Sie sich mit einer anderen unbeteiligten Person besprechen, sofern Sie diese gewissenhaft ausgewählt haben. Durch ein solches Gespräch lernen Sie neutrale Beurteilungen und Einschätzungen kennen und können diese mit Ihrer eigenen Sichtweise vergleichen und gegebenenfalls ergänzen. Stellen Sie sich und dem Gesprächspartner folgende kritische Fragen: Ist das alles nur eine vorübergehende Schlechtwetterlage, ein persönliches Tief auf beiden oder nur auf einer Seite? Wenn Sie die kritische Situation überdacht und durchgesprochen haben, können Sie Taten folgen lassen. In einem Gespräch mit dem Angreifer können Sie Lösungsvorschläge auf sachlicher Ebene sammeln. Treffen Sie Abmachungen und halten Sie sich daran. Zeigen Sie durch Ihr Verhalten, dass Sie alles sehr ernst nehmen und Ihnen eine Lösung der Spannungen sehr am Herzen liegt.
Ihr Verhalten als Angreiferin: Zunächst sind Sie als Täter noch im selbstkritischen, sich selbst hinterfragenden Stadium: Sie spüren, dass etwas los ist. Sie haben möglicherweise jemanden brüskiert, verletzt oder bloßgestellt. Sie sind aktiv, Sie suchen noch nach Möglichkeiten, auf den anderen zuzugehen. Handeln ist in dieser

Phase wichtig. Sie nehmen die Sache in die Hand, stellen sich der Situation und können auf die Kollegen, den Chef oder den Abteilungsleiter zugehen.
Ihr Verhalten als Beobachterin: Sind Sie neutral oder befürchten Sie, dass Sie die Nächste sein könnten? Hüten Sie sich davor, sich mit einer Partei zu identifizieren, und bleiben Sie unparteiisch. Als Neuling sollten Sie nicht Ihre Hilfe zur Konfliktklärung anbieten; das können ruhig die »alten Hasen« tun, die schon fester im Sattel sitzen.

Die zweite Konfliktphase

Die zweite Konfliktphase ist durch einen Schlagabtausch gekennzeichnet, weshalb es sich bereits um einen offenen Konflikt handelt. Diese zweite Phase ist emotionaler, radikaler und von Abgrenzungen und Angriffen gleichermaßen geprägt. Kompromisse, Vereinbarungen und Abmachungen sind nicht mehr möglich. Es herrscht Misstrauen oder Furcht vor.

Warum geht es wirklich?

Ihr Verhalten als Opfer: Auch wenn sich Ihre Situation bereits so zugespitzt hat, stellen Sie sich zunächst reflektierende Fragen: Kennen Sie diese Situation schon von früheren Arbeitsplätzen, aus der Schule oder aus Ihrer Kindheit? Worum geht es wirklich? Welches sind die wahren Motive dieses Streits? Versetzen Sie sich in die Rolle des Angreifers. Besprechen Sie sich mit allen neutralen Menschen aus Ihrem Umfeld und holen Sie sich so viele Sichtweisen wie möglich ein. Erst danach gehen Sie auf den Gegner zu und fragen ihn trotz Schlagabtausch sachlich, was er von Ihnen erwartet, beziehungsweise sagen, was Sie erwarten. Zeigen Sie ruhig Ihre Verletzung und igeln Sie sich nicht ein. Das wäre falscher Stolz und würde mehr Schwäche als Stärke zeigen.
Ihr Verhalten als Angreiferin: Je nachdem, ob Sie sich im Stadium des Schlagabtauschs befinden oder sich in den permanenten »Kampf« begeben haben, müssen Sie sich fragen: Welches sind Ihre wirklichen Motive? Ist die aggressive Auseinandersetzung notwendig? Was löst der oder die andere bei Ihnen aus? Was verärgert Sie so? Laufen hier Projektionen, Übertragungen ab? Sie sind nun

diejenige, die handeln, aufräumen und durch entsprechende (entschuldigende) Gespräche Klarheiten schaffen sollte.
Ihr Verhalten als Beobachterin: Auch hier ist die Versuchung, in den Konflikt einzugreifen, sehr groß. Vorsicht, Umsicht und Wachsamkeit sind für Sie jetzt das Entscheidende. Noch ist der Konflikt zu lösen, also aktiv ins Positive zu gestalten. Beruhigen Sie die Beteiligten und schwächen Sie die Konfrontation ab. Machen Sie den beiden Parteien deutlich, dass Sie diese Stufe der Verschärfung nicht gut finden. Bieten Sie sich aber nicht selbst als Vermittlerin an, sondern suchen Sie andere Kollegen, die diese Funktion übernehmen.

Die dritte Konfliktphase

Vernichtungsschläge

Die dritte Konfliktphase ist von regelrechten Vernichtungsschlägen gekennzeichnet.
Ihr Verhalten als Opfer: In dieser Phase ist Ihr Arbeitsplatz in Gefahr. Achten Sie beim Reflektieren auf folgende Punkte: Was würde ein Ausstieg aus diesem Arbeitsumfeld für Sie bedeuten? Welche Alternativen gibt es? Wer kann Ihnen bei einem Um- und Neueinstieg behilflich sein? Wie viel Kraft haben Sie noch? Lohnt sich ein Weiterkämpfen? Was kann man Ihnen noch alles antun, wo sind Sie noch verwundbar? Gibt es neutrale Personen, denen Sie als professionelle Schlichter und Vermittler vertrauen können? Sprechen Sie jetzt mit sogenannten Konfliktmanagern und Teamentwicklern, die hoffentlich noch ein letztes Vermittlungsangebot unterbreiten können.
Ihr Verhalten als Angreiferin: Der Konflikt hat an Härte und Radikalität zugenommen. In dieser Phase sind Sie nur noch schwer in der Lage, Ihre Interessen fair zu vertreten. Es besteht die Gefahr, dass Sie vom »produktiv-positiven Täter« zum »aggressiv-negativen Täter« werden. Stellen Sie sich folgende Fragen ganz bewusst: Was steckt hinter meinen Aggressionen? Bin ich verunsichert, habe ich Furcht, brauche ich Nebenkriegsschauplätze? Habe ich schon mal so etwas erlebt? Denken Sie immer auch an unnötige Konsequenzen, verlieren Sie nicht den Überblick, beherrschen Sie sich,

den Gegner und die Situation. Jetzt benötigen Sie die Hilfe eines Kollegen oder Freundes, der zu Ihnen positiv, aber auch kritisch und distanziert eingestellt ist: Wie nimmt dieser die Situation wahr? Welche Positionen sind für ihn deutlich sichtbar? Suchen Sie unter Umständen professionelle Unterstützung: Schlichter, Vermittler, Konfliktmanager. Zeigen Sie, dass Sie sich über die Zuspitzung und Tiefe des Konflikts im Klaren sind.
Ihr Verhalten als Beobachterin: Alle Vermittlungen durch Kollegen haben nun keinen Sinn mehr. Reden Sie mit den Menschen im beruflichen Umfeld und machen Sie auf das sich anbahnende zerstörerische Desaster aufmerksam. Helfen Sie dem hinzugezogenen professionellen Vertrauensmann. Zeigen Sie, dass Sie die Situation so nicht akzeptieren und gutheißen.

Einmal ist keinmal: Mit Fehlern souverän umgehen

Konflikte und Unstimmigkeiten können ihre Ursache in Fehlern haben, die Sie gemacht haben. Oder besser gesagt: Eigentlich ist nicht der Fehler das Problem, sondern unter Umständen die Art und Weise, wie Sie damit umgehen. Wie bitte, werden Sie sich jetzt vielleicht fragen, ein Fehler soll kein Fehler sein? Ja, sofern grundsätzlich erkennbar ist, dass Sie bemüht sind, keine Fehler zu machen, und vor allem den gleichen Fehler nicht zweimal machen. Ihre Absicht sollte natürlich immer sein, Ihre Fehlerquote möglichst niedrig zu halten. Kein Mensch auf dieser Welt trifft Entscheidungen, ohne dabei auch mal Fehler zu machen. So gehen zum Beispiel Manager davon aus, dass sie eine sehr gute Quote erzielt haben, wenn nur 30 Prozent ihrer Entscheidungen sich langfristig als richtig erweisen.
Insbesondere wenn Sie einen neuen Job antreten oder ein neues Aufgabenfeld übernehmen, werden Ihnen häufiger Fehler passieren. Dafür haben Ihre Kollegen und Vorgesetzten Verständnis,

sofern Sie zu Ihren Fehlern stehen. Ein spanisches Sprichwort sagt, dass ein Fehler, der abgestritten wird, sogar zweimal begangen wird. Ein Fehler ist sicher kein Weltuntergang, er kommt in den besten Unternehmen und Familien vor. Allerdings sollten Sie diesen anerkennen und vor allem den gleichen Fehler nicht zweimal begehen. Dann werden auch die Kollegen Ihnen daraus keinen Strick drehen. Der amerikanische Erfinder Thomas Alva Edison konnte einem Fehler sogar etwas Positives abgewinnen und sagte einst: »Das ist das Schöne an einem Fehler: Man muss ihn nicht zweimal machen.«

Bestreiten Sie einen Fehler nicht!

Um zu vermeiden, dass Sie den gleichen Fehler zweimal machen, müssen Sie verdeutlichen, dass Sie aus dem »ersten Mal« hinreichend gelernt haben. Zum Beispiel indem Sie den richtigen Ablauf noch einmal mit Ihrem Vorgesetzten oder den Kollegen durchsprechen, Ihre Notizen verbessern oder manche Dinge einfach anders organisieren. Es ist jedoch nicht hilfreich, wenn Sie in Selbstgesprächen sagen, dass Sie diesen einen Fehler keinesfalls noch einmal machen oder, noch schlimmer, sich überhaupt keine Fehler erlauben dürfen. Denn Ihr Unterbewusstsein kann nicht unterscheiden, ob Sie von »keinem Fehler« oder »einem Fehler« sprechen. Für Ihr Unterbewusstes existiert nur die Zielvorgabe »Fehler« und diesen wird es dann pflichtgemäß anstreben. Programmieren Sie sich stattdessen positiv und geben Sie sich konkrete Vorgaben, zum Beispiel: »Ich beherrsche das neue Office-Paket sehr gut und achte insbesondere auf die Tabellenkalkulation.«

Peinlich, peinlich!? Strategien gegen die Verlegenheit

Sie wünschen sich ein Mauseloch, finden aber keines? Sie wünschten, Sie könnten sich in Luft auflösen? Keine ungewöhnlichen Gedanken, dafür aber umso hoffnungslosere. Ich kann mich jedenfalls nicht erinnern, dass derartige Wünsche jemals in Erfüllung gegangen wären. Und glauben Sie mir: Ich habe mir das schon wirklich oft herbeigesehnt. Ich wüsste daher ganz bestimmt, wenn es funktionieren würde. Situationen, in denen wir uns am liebsten davonbeamen würden, können unterschiedlichster Natur sein: Solche Gedanken haben wir genau dann, wenn frau sich gerade in ein richtig dickes Knigge-Fettnäpfchen gesetzt und den anderen unabsichtlich, aber nicht unbemerkt, brüskiert hat. Sie haben das Geburtstagskind aus Versehen zehn Jahre älter gemacht? Schlecht. Sie haben Ihr Gegenüber mit falschem Namen angesprochen? Auch nicht gut. Sie haben einen diskriminierenden Witz erzählt und einen Anwesenden beleidigt? Keine akzeptable Idee. In diesen Fällen gilt: Nicht die Flucht nach vorn antreten! Nun bleibt Ihnen nur noch der Rückzug offen. Wenn Ihnen Ihr Fehltritt auffällt, behelfen Sie sich niemals mit Formulierungen wie

So auf keinen Fall!

- »Oh, jetzt habe ich etwas Falsches gesagt, oder?«
- »Ach, das muss Ihnen wirklich nicht peinlich sein. Wenn ich gewusst hätte, dass ...«
- »Oh, das tut mir jetzt leid, dass ich Sie damit getroffen habe ...«
- »Das wusste ich nicht. Haben Sie wirklich ...?«

Ein solches Nachfragen ist zwar nett gemeint, nimmt aber niemals ein gutes Ende. Es geht Sie schlicht und ergreifend nichts an, warum sich der andere wegen Ihrer Bemerkung auf die Füße getreten fühlt. Wenn Sie jetzt noch das peinliche Gesprächsterrain durch Nachfragen breittreten, dann gute Nacht. Ihre einzige Möglichkeit, den Schaden jetzt noch zu begrenzen, ist, sofort das Gesprächsthema zu wechseln. Keinesfalls dürfen Sie im Schweigen verharren. Stille kann manchmal, und in diesen Fällen erst recht, ziemlich unangenehm sein. Auch wenn es auf den ersten Blick ungewöhnlich erscheint: Es ist nicht notwendig, für die Bemerkung um Verzeihung zu bitten. Sie wissen oft gar nicht, wofür Sie sich entschuldigen sollten, da die inneren Beweggründe des anderen im Dunkeln bleiben. Darüber hinaus erfordert Ihr Bedauern eine Reaktion des

Gesprächspartners und da hätten Sie schon wieder den Salat: Er muss sich zum Thema äußern und genau das wollen wir ihm ja nicht aufzwingen.
Lassen wir die Fragestellung, was zu tun ist, wenn Sie andere in Verlegenheit bringen, nun hinter uns und widmen uns der Frage, was zu tun ist, wenn Sie von anderen in Verlegenheit gebracht wurden. Denn dreiste verbale Attacken des Gegenübers haben sehr häufig damit zu tun, dass Ihnen der Spruch peinlich ist. Und das, obwohl die Bemerkung nicht Ihnen, sondern dem anderen über die Lippen gekommen ist. Peinlichkeit können Sie natürlich auch unter vier Augen verspüren; noch häufiger tritt dieses Gefühl jedoch ein, wenn andere Zeugen des Geschehens geworden sind. Denn machen wir uns nichts vor: Viele verbale Attacken zielen unter die Gürtellinie und erst recht mitten in unser Innerstes. Genau das sind die Bemerkungen, für die wir uns vor anderen schämen – obwohl es nicht sein müsste. Oder zumindest sollten wir nicht diejenigen sein, die sich unwohl fühlen.

Kleiner »peinlicher« Exkurs

Das Wort Peinlichkeit leitet sich vom griechischen Wort poiné (Strafe) ab und bezeichnete früher einen (als Strafe gedachten) körperlichen Schmerz oder eine sehr unangenehme Belästigung. So verstand man unter einer peinlichen Befragung im Mittelalter Verhöre unter Anwendung der Folter. Inzwischen hat das Wort einen Bedeutungswandel durchlaufen und bezeichnet eher etwas Beschämendes. Was im Einzelfall als peinlich empfunden wird, ist von der jeweiligen Persönlichkeit, von kulturellen und auch von gesellschaftlichen Aspekten abhängig. Peinlich ist uns nach heutigem Sprachgebrauch eine Situation immer dann, wenn die beiden folgenden Punkte nicht miteinander im Einklang stehen:

- Das Bild, das wir von uns bei anderen erzeugen wollen.
- Das Bild, das wir nach unserer Auffassung für die anderen abgeben.

Ein Beispiel: Sie haben bei den Kollegen den Eindruck vermittelt, dass Ihr neuer Freund direkt vom Himmel gefallen und der perfekte Gentleman ist. Nun holt Sie Ihre neue Eroberung mit seinem Wagen nach der Arbeit ab und blökt Sie vor Ihren Kollegen an, dass Sie bloß keine Herbstblätter ins frisch geputzte Auto schleppen und vor dem Einsteigen gefälligst die Schuhe abwischen sollen. Jetzt wird es schwierig für Sie: Noch vor ein paar Stunden standen Sie als der Glückspilz schlechthin da, die den Traummann erobert hat. Und jetzt sehen Ihre staunenden Kollegen mit an, wie sich dieser Gentleman als ungehobelter Egoist entpuppt. Infolgedessen gelten Sie ruckzuck nicht mehr als Glückspilz, sondern nur noch als arme Seele. Und mit einem Schlag ist Ihnen das Ganze peinlich, und zwar nicht zu knapp.

Wenn etwas peinlich ist, dann zeigen wir diverse Reaktionen, die mitunter auch sehr farbenfroh ausfallen können. Aber das wissen Sie vermutlich aus eigener Erfahrung!? So stellte der Psychologe Paul Ekman fest, dass es für peinliche Gefühle kein eindeutiges Signal wie Wut oder Angst gibt, sondern eine ganze Bandbreite an Reaktionen eintreten kann, die wiederum von Mensch zu Mensch verschieden sind. Zu den unangenehmen Klassikern gehören das Erröten, ein ausweichender Blick und auch konfuse Gestik.

Konfuse Gestik

Sie empfinden eine Situation als peinlich und als Allerersten fahren Sie mit der Hand über Ihre Haare, beißen sich auf die Lippen oder grinsen Ihr Gegenüber leicht dümmlich an? Ist ja nicht schlimm, aber das ginge doch auch besser, oder? Nun ja, Körpersprache kann sehr verräterisch sein: Wer sich mit den Händen ins Gesicht fasst, der signalisiert Unsicherheit. Wer sich auf die Lippen beißt, der betraft sich selbst für das Geschehen, will gesagte Worte zurückholen oder verhindern, dass ihm Unpassendes über die Lippen kommt. Alles in allem könnte man auch sagen: Erwischt! Alle diese Gesten offenbaren, dass Ihnen die Situation peinlich ist, obwohl es (nach dem Psychologen Paul Ekman) eigentlich keine eindeutigen objektiven Anzeichen für peinliches Empfinden gibt. Grundsätzlich gilt: Meiden Sie Gestik, die Unsicherheit signalisiert. Als Opfer wollen Sie sich ja gerade nicht anbiedern.

Erröten

Kaum ein Satz ist mir persönlich so verhasst wie die Bemerkung »Du brauchst doch nicht rot werden«, »Ach nein, bitte nicht rot werden« oder »Dein Kopf ist rot wie eine Tomate«. Meine Großmutter saß vor vielen Jahrzehnten einmal, damals noch als junges Mädchen, neben einem Tischherrn, der formvollendet, aber trotzdem nicht weniger unpassend, zu ihr sagte: »Gnädiges Fräulein, bitte erlauben Sie mir die Bemerkung, Sie sehen aus wie ein Puter.« Sie haben es erraten: Meine Großmutter hatte oft leicht gerötete Wangen und es macht nach meinem Dafürhalten ganz den Eindruck, als sei das leider erblich. Und nun? Machen Sie doch mal ein paar Vorschläge, wie frau darauf kontern könnte? Wie, Ihnen fällt nichts ein? Kann ich verstehen … Es ist nun mal einfach so, dass die tollste Bemerkung eine Menge an Wirkung einbüßt, wenn man sie mit hochrotem Kopf dahersagt. Das Gemeine dabei ist, dass das Erröten nach Meinung der Forschung und Wissenschaft sogar einen sinnvollen Zweck verfolgt. Und dieser heißt: Alle sollen es sehen! Das Erröten ist demnach ein Beschwichtigungssignal: Wer errötet, der signalisiert dadurch Ungefährlichkeit, zeigt, dass er nicht angreift, und wird dadurch auch seltener angegriffen.

Das Erröten an sich dauert übrigens weit weniger lang, als wir gemeinhin befürchten. Unser Gesicht nimmt Farbe an, da sich die Blutgefäße unter der Haut ausdehnen. Mehr Blut fließt durch die geweiteten Adern und so erscheint die Haut darüber flächig rot. Obwohl Sie sich nicht im Spiegel sehen können, wissen Sie, dass Sie rot geworden sind, weil sich Ihr Kopf heiß anfühlt. Tatsächlich verändert sich die Körpertemperatur nicht einmal um ein Grad Celsius. Bis wir auf Hochtouren laufen und komplett errötet sind, dauert es nur 15 Sekunden. Zurück bildet sich das Ganze leider nicht so schnell: Eine Minute Geduld braucht es, bis alles wieder im normalen hautfarbenen Bereich ist.

Ist Ihnen schon einmal aufgefallen, dass wir nur an Körperpartien erröten, die sichtbar sind? Würde Ihr rechter Fuß erröten oder Ihre linke Schulter, dann wäre das ja nicht weiter schlimm, da unsichtbar für die Umstehenden. Dann jedoch würde der Schutzmechanis-

Ausweichender Blick

mus des Errötens nicht greifen. Also bleibt uns nichts anderes übrig, als gute Miene zum bösen und unabänderlichen Spiel zu machen. Wenn Sie eine Bemerkung trifft, dann passiert das ja in rasender Schnelle. Und genauso rasch verrät eine daraufhin einsetzende körperliche Reaktion, dass Sie sich tatsächlich getroffen fühlen. Wenn Ihnen nun jemand eine Bemerkung an den Kopf knallt, Sie entsetzt den Blick zu Boden senken, dann signalisieren Sie dadurch, dass Sie sich erst einmal sammeln müssen. Daher senken Sie den Blick an eine »ruhige« Stelle, um dort in Ruhe auf zündende Gedanken kommen zu können. Sie unterbrechen dadurch den Blickkontakt zum Angreifer, aber auch zu den anderen Anwesenden. An der Maßnahme, den Angreifer aus dem Blick zu verlieren, ist nichts auszusetzen. An der Reaktion, die anderen Anwesenden zu missachten, schon. Würden Sie den Blickkontakt suchen, könnten Sie dadurch auch Hilfe und Unterstützung einfordern beziehungsweise bekommen.

Wie Sie sich wieder einkriegen

Zunächst einmal gar nicht. Wenn eine Situation peinlich wird, dann sind wir erst einmal blockiert und zeigen aus genau diesem Grund die oben genannten Reaktionen. Es gibt lediglich zwei Maßnahmen, die helfen, das Ganze einigermaßen im Zaum zu halten. Beide dürften Ihnen aufgrund der vorangegangenen Ausführungen bereits bekannt vorkommen:

1. Tief durchatmen
   Schnappen Sie nach Luft: Meist halten wir nach einem Angriff oder in einer peinlichen Situation nämlich vor lauter Schreck die Luft an. Atmen Sie tief ein und wieder aus – Ihr Gehirn braucht Sauerstoff, um klar zu denken und zur Ruhe zu kommen. Außerdem hilft das Luftanhalten nicht sonderlich, um die Gesichtsfarbe wieder auf Normalniveau zu bringen. Im Gegenteil. Und überhaupt: Wie sollten Sie pfiffig und lustig antworten, wenn Sie sich gerade nichts sehnlicher als ein

Mauseloch wünschen und sich so richtig peinlich berührt fühlen? Richtig, das geht leider nicht! Also lassen Sie die Peinlichkeit wieder abebben und suchen Sie allenfalls den Blickkontakt zu anderen Anwesenden, wenn die Möglichkeit besteht, dass Ihnen diese zu Hilfe eilen könnten. Lassen Sie in jedem Fall die Finger von wilden Retourkutschen. Zum jetzigen Zeitpunkt schießen Sie höchstwahrscheinlich über das Ziel hinaus.

2. Bauen Sie an Ihrer Ritterrüstung
   Ihre Ritterrüstung hilft Ihnen dabei, dass Bemerkungen Sie gar nicht so voll treffen und Sie außer Gefecht setzen können. Weil schlimme Bemerkungen den anderen aber so schnell über die Lippen kommen, tun Sie gut daran, Ihr Schutzschild schon vorher trainiert zu haben. Sonst können Sie es nicht so rasant aus dem Hut zaubern wie eigentlich nötig.

Frau gegen Frau: Der Zickenkrieg

Alle menschlichen Organe werden irgendwann einmal müde, nur die Zunge nicht.
Konrad Adenauer

Bislang sind wir in diesem Buch stets davon ausgegangen, dass frau sich gegenüber »mann« zur Wehr setzen muss. Aber es soll auch Frauen untereinander geben, die nicht an Tacheles sparen. Es ist keineswegs garantiert, dass Ihnen unter Frauen nur Gleichgesinnte begegnen, mit denen Sie keine verbalen Machtkämpfe ausfechten müssen. Noch heute gilt die britische Premierministerin Margaret Thatcher als Paradebeispiel für Frauen in der Politik, denen man nicht anmerkt, dass sie welche sind, so Miriam Meckel in ihrem Artikel für das Magazin *Capital* (27.04.2007). Keine andere hat das Bild der harten, entweiblichten Einzelkämpferin im Olymp der Macht so sehr geprägt wie Thatcher, was sich auch im zwiespältigen Kosenamen »Iron Lady« widerspiegelt. Als ihr treuester

Die »Iron Lady«

Gefährte galt nicht der Ehemann, eine beste Freundin oder wenigstens ein Parteifreund, sondern ausschließlich ihre Handtasche. Die konnte sie mit Schwung und Krach auf jeden Konferenztisch befördern. Und von manch einem politischen Gegner wird gemunkelt, dass wichtige Entscheidungen auch schon mal durch die Angst vor einer beherzten Harke mit der Handtasche beschleunigt wurden. Thatcher wollte Macht und sie wollte durch Macht überzeugen. Nicht aber durch Weiblichkeit. Überliefert ist von ihr auch der Satz: »Wenn Sie in der Politik etwas gesagt haben wollen, wenden Sie sich an einen Mann. Wenn Sie etwas getan haben wollen, wenden Sie sich an eine Frau.« Nun wissen wir nicht, ob Thatcher auch in ihrem Verhalten gegenüber Frauen wenig zimperlich war, vorstellbar wäre es.

Das harmonische Bild von Frauen in einem Büro, die sich gegenseitig nur stützen und nie zu Fall bringen, trifft leider nicht immer zu. Während die männliche Welt etwaige Konkurrenzsituationen weniger in verbalen Attacken oder dem unfeinen Lästern hinter dem Rücken der anderen auslebt, können Frauen das erstaunlich gut. Der sogenannte Zickenkrieg ist wirklich ein typisch weibliches Phänomen. Wer noch nicht so ganz auf dem Laufenden ist, der kann täglich aus den News der großen, weiten Glitzerwelt Nachhilfestunden in weiblichem Terror erhalten. Hotelerbinnen, Schauspielerinnen, Musikerinnen, Models und Scarlets beliefern die Yellow Press mit immer neuen Erfolgsmeldungen von ihren Siegen über die Erzrivalin beziehungsweise Konkurrentin. Auch wenn es in Ihrem Büro hoffentlich nicht so hart zur Sache geht, gibt es einige Verhaltensweisen, die im Umgang mit »schwierigen« Kolleginnen durchaus hilfreich sein können:

Ein typisch weibliches Phänomen

- Mit Komplimenten irritieren: Eine Kollegin begrüßt Sie in der Kantine mit dem Satz: »Da kommt ja unser Retro-Fan.« Auch wenn Sie diese Bemerkung trifft, bleiben Sie freundlich, lächeln Sie und antworten Sie mit einem Kompliment: »Schön, dass es noch mehr Stilikonen in der Firma gibt.« Oder: »Das aus dem Mund einer Trendsetterin freut mich sehr.« Natürlich kann das gegebenenfalls auch ein bisschen ironisch klingen; insbesondere gilt das in Anbetracht der Tatsache, dass da nicht zwingend eine echte Modeexpertin vor Ihnen sitzt.

- Mit Komplimenten punkten: Wer einen umarmt, den kann man nicht bekämpfen. Schenken Sie viel öfter Komplimente. Hand aufs Herz: Sie freuen sich doch auch, wenn Ihnen jemand ein Kompliment macht und Ihre Kollegin Ihren neuen Haarschnitt lobt. Generell loben wir alle viel zu selten. Während jedoch Männer gegenüber Frauen (beziehungsweise Frauen gegenüber Männern) nur fachliche Leistungen loben sollten, um keinerlei Irritationen über etwaige Absichten aufkommen zu lassen, können Frauen gegenüber Frauen auch Äußerlichkeiten loben. Besonders beliebt: »Hast du abgenommen? Du siehst superschlank aus, beneidenswert!« Kleine Geschenke erhalten die Freundschaft. Kleine Komplimente auch.
- Bedanken Sie sich für eine Beleidigung: Auftrumpfen und zurückschießen ist nur bedingt empfehlenswert. Wie wäre es stattdessen mit einem Dank? Zum Beispiel: »So schöne Komplimente, das freut mich aber.« Oder: »So elegant hat mich noch niemand darauf hingewiesen.«

»So schöne Komplimente, das freut mich aber.«

- Spielen Sie die Gekränkte: Hier können Sie Ihre schauspielerische Ader ausleben und Ihre Worte mit einem theatralischen Auftritt unterstreichen. Antworten Sie zum Beispiel auf die dumme Bemerkung mit: »Oh mein Gott, ich bin getroffen.« Oder: »Wie soll ich das nur überleben?«
- Taktieren Sie: Zeigen Sie der Angreiferin, dass Sie nicht auf ihrem Niveau agieren, indem Sie auf einen Angriff antworten: »Meine Mutter hätte jetzt gesagt: Totgesagte leben länger.« Oder: »Wie gut, dass meine Kinderstube mich jetzt hindert, zu antworten.«
- Sorgen Sie für Verwirrung: Verhalten Sie sich so, wie wenn es keinen bösartigen Satz gegeben hätte. Machen Sie deutlich, dass die dumme Bemerkung Sie nicht aus der Bahn werfen kann, und kontern Sie gelassen: »Ich bin schon sehr gespannt

auf deine echten Argumente.« Oder: »Könntest du das bitte noch einmal langsam zum Mitschreiben wiederholen?«

Tipp Es ist nicht schwer, eine Gewinnerin zu sein. Weigern Sie sich, als Opfer herzuhalten. Was frau nicht umbringt, macht sie nur stärker. Daher gilt: Lassen Sie sich von der weiblichen Konkurrenz nicht aus der Bahn werfen – resignieren Sie nicht, sondern parieren Sie mit Ironie, Respekt und Selbstbewusstsein.

Gewinnerin gesucht: Raus aus der Opferrolle

Zeigen Sie Kampfgeist!

Ist Schlagfertigkeit ein Karrierekiller? Nein, sofern frau sich an bestimmte Regeln hält und ihre guten Manieren nicht über Bord wirft. Viel gefährlicher sind mangelndes Selbstbewusstsein und das fehlende Vertrauen, sich auf sich selbst verlassen zu können. Statt in eine Opferrolle zu schlüpfen, sollten Sie daher aktiv werden und Kampfgeist aufbringen. Denn an dem Tag, an dem Sie darüber nachdenken aufzugeben, entscheidet sich, ob Sie erfolgreich sind oder nicht.

Heute haben viele Angst, etwas zu sagen, wodurch sich jemand auch nur im Geringsten gekränkt fühlen könnte. Wir sind ständig angespannt und gestresst. Es gibt fast keine Tabus mehr. Wir sind fast überall live dabei und können alles sehen und hören. Viele Menschen werden tagtäglich mit giftigen Kommentaren konfrontiert. Tatsächlich mussten auch die reichsten, erfolgreichsten und berühmtesten Menschen schon mit derartigen Situationen fertig werden. Sie haben sich zurückwerfen lassen müssen, sind aber dennoch unbeirrt ihren Weg gegangen und schließlich berühmt und erfolgreich geworden. Sie weigerten sich, sich zum Opfer machen und sich durch dumme Sprüche lähmen zu lassen. Sie wehrten sich gegen die Menschen, die ihnen das Leben schwer machen wollten. Und sie entwickelten Kampfgeist und waren aktiv.

z.B.

Wussten Sie, dass ...

... es nach Fred Astaires ersten Probeaufnahmen in der Notiz des Aufnahmeleiters hieß: »Kann nicht spielen und nur ein bisschen tanzen!«?
... Walt Disney mangels Ideen von einem Zeitungsherausgeber gefeuert wurde?
... Albert Einstein von der Schule verwiesen wurde, da er »geistig langsam und immer in törichte Träume abschweifend« war, und ihm später der Zugang zur Technischen Universität Zürich verwehrt wurde?
... Henry Ford fünf Mal Pleite ging, bevor er schließlich erfolgreich wurde?
... achtzehn Verleger Richard Bachs Geschichte *Die Möwe Jonathan* ablehnten, bevor Macmillan sie 1970 veröffentlichte? Bis 1975 wurde das Buch mehr als 7 Millionen Mal allein in den USA verkauft.
... Beethoven völlig taub war, als er sein Meisterwerk, die Neunte Symphonie, komponierte?
... Katherine Hepburn aus mehreren Bühnenrollen entlassen wurde, weil sie zu schnell sprechen würde, zu zickig, zu dünn und zu unweiblich sei für die Bühne? Einige Jahre später gewann Katherine Hepburn viermal den Oscar und ist die am häufigsten nominierte Schauspielerin und am häufigsten ausgezeichnete Hauptdarstellerin.
... Agatha Christie, Winston Churchill, Leonardo da Vinci, John Lennon und Albert Einstein aus Sicht der Schulmedizin lernbehindert waren? Was sie nicht daran hinderte, großartige Leistungen zu erbringen.
... Melanie Griffith gesagt wurde, dass sie mit ihrer zu hohen Stimme in Hollywood niemals einen Job bekommen würde? Sie wurde später mit ihrer Kleinmädchenstimme für den Oscar nominiert.

Wenn also das nächste Mal jemand zu Ihnen sagt, dass Sie etwas nicht können, lautet Ihre Reaktion: Jetzt erst recht! An guten Vorbildern mangelt es ja offensichtlich nicht.

Netzwerke geben Sicherheit

Wenn Sie sich einmal die Klatsch-und-Tratsch-Seiten einer Illustrierten ansehen, wird Ihnen auffallen, dass sich Prominente immer mit Prominenten treffen und dadurch prominent sind. Hört sich kompliziert an? Ist es eigentlich gar nicht. Je eher Sie sich mit diesem Aufbau sozialer Vernetzungen bekannt machen, umso besser für Sie. Denn: Kaum jemand, der beruflich sehr erfolgreich ist, hätte dies ohne »Beziehungen« geschafft. Jetzt werden Sie einwenden, dass ein Mensch mit Potenzial und Wissen es immer weit bringen wird. Vielleicht ja, vielleicht aber erst einige Jahre später – oder nie?

Seien Sie sich darüber bewusst, dass Netzwerke einen immer höheren Stellenwert in der beruflichen Gesellschaft einnehmen. Sie denken, dass Sie kein eigenes Netzwerk haben? Irrtum, Sie haben eines, es ist vielleicht noch nicht sehr groß und arbeitet noch nicht richtig für Sie, aber Sie haben jetzt eines. Fangen Sie einfach an, dieses Netzwerk ab sofort zu pflegen und kontinuierlich auszubauen.

Um gar nicht erst zum Opfer verbaler Attacken zu werden, ist es von Vorteil, wenn Sie im Job auf ein gut funktionierendes Netzwerk aus Kollegen und Vorgesetzten zurückgreifen können. Um über gute Kontakte zu verfügen, genügt es nicht, einen hervorragenden Job zu machen und sich einen fachlich guten Ruf zu erwerben. Es kommt auch darauf an, sich sympathisch zu präsentieren und sich für sein Umfeld tatsächlich zu interessieren. Wenn man gern Zeit mit Ihnen verbringt, haben Sie alsbald einen starken Rückhalt im Unternehmen, der Sie bei fiesen verbalen Kampagnen maßgeblich unterstützt. Im Idealfall müssen Sie dann schon gar nicht mehr selbst kontern, weil ein anderer sich schützend vor Sie stellt und für

Sie in die Bresche springt. Auf diese Art und Weise sorgen Sie darüber hinaus dafür, dass es nahezu unmöglich wird, schlecht über Sie zu reden. Alles in allem eine echt starke Ausgangsposition.

Geben und Nehmen

Oberste Grundregel ist: Ein gutes Netzwerk besteht aus Geben und Nehmen. Daher sollten beide Kontaktpartner bereit sein, den anderen zu unterstützen und ihm behilflich zu sein. Dann hat ein Netzwerk viele Vorteile:

- Zugang zu Informationen: Über ein Netzwerk bekommen Sie weitaus besser Zugang zu interessanten Informationen. Allein die Tatsache, dass sich die beiden Partner in ein und demselben Kontaktnetzwerk bewegen, verbindet miteinander und schafft eine gemeinsame Basis. Daraus erwächst dann die Bereitschaft, dem Partner entsprechende Informationen zukommen zu lassen. Dies gilt natürlich umso mehr, je besser Sie Ihr Netzwerk pflegen. Hüten Sie sich davor, nur dann auf den anderen zuzugehen, wenn Sie etwas von ihm wollen. Kleine Geschenke erhalten die Freundschaft – regelmäßige Nachrichten halten ein Netzwerk am Leben.
- Kontakte machen den Weg frei: Je besser Ihre Kontakte sind, umso besser können diese Sie auch in schwierigen Situationen unterstützen. Der Zugang zu wichtigen Ansprechpartnern über ein Netzwerk ist informeller und dadurch schneller.
- Sicherheit vor Intrigen: Die richtigen Kontakte schützen Sie auch vor den gemeinen Tricks der Kollegen – von Mobbing bis hin zu anderen Intrigen. Wenn Sie ein starkes Netzwerk im Rücken haben, wird man sich hüten, sich mit Ihnen anzulegen.

Beim Aufbau eines eigenen Kontaktnetzwerkes sind die folgenden Tipps hilfreich:

- Merken Sie sich den Namen von jedem Gesprächspartner.
  Es gefällt anderen Menschen, wenn man sich an sie erinnert. Das schafft Vertrauen.

- Bleiben Sie natürlich.
  Bringen Sie Ihre Persönlichkeit ehrlich ein. Sagen Sie nur, was Sie auch meinen. Fangen Sie nicht an, jemandem »nach dem Mund« zu reden. Letztendlich wird man Sie für Ihren wahren Charakter und Ihre Persönlichkeit schätzen lernen.
- Achten Sie die Meinung des anderen.
  Erwecken Sie nie den Eindruck, Sie wüssten alles besser. Versuchen Sie vielmehr, von anderen zu lernen.
- Helfen Sie anderen.
  Bieten Sie Ihre Hilfe an. So kommen Sie auf elegante Art und Weise mit jemandem in Kontakt. Und letztlich helfen Sie damit vielleicht auch sich selbst.
- Hören Sie aktiv zu und fragen Sie nach.
  Nichts ist unangenehmer, als wenn man das Gefühl bekommt, einem würde nicht zugehört werden. Die meisten Menschen finden es zu Recht angenehm und aufmerksam, wenn Sie bei Erzählungen nachfragen und dadurch echtes Interesse signalisieren.
- Der erste Eindruck zählt.
  Seien Sie aufgeschlossen, freundlich und umgänglich. Machen Sie es dem anderen leicht, mit Ihnen zu reden und umzugehen. Lernen Sie, Smalltalk zu betreiben, und bleiben Sie immer freundlich.
- Reden Sie nicht dauernd über Ihre Erfolge – lassen Sie den anderen Ihre Vorzüge und Stärken auf eigene Faust entdecken.

Glauben Sie an die wichtigste goldene zwischenmenschliche Regel: Das Gute, das ich anderen tue, kommt zu mir zurück.

Zu guter Letzt

Das Weiche siegt über das Harte.
Das Schwache siegt über das Starke.
Laotse

Um »böse Geister« fernzuhalten, lassen sich Menschen so allerlei einfallen: Indonesier befestigen einen Barong, eine unheimliche Maske aus Holz mit scharfen Zähnen und Furcht einflößenden hervorstechenden Augen, über ihrer Eingangstür. Japaner stellen Säulen aus Salz vor das Haus. Chinesen führen kleine Taschenmesser mit sich. Osteuropäer tragen oft Beutel mit Salz und Pfeffer bei sich, um mit dem Salz die bösen Augen des anderen zu verbrennen und mit dem Pfeffer das Böse wegniesen zu können. Afrikaner haben Voodoo-Puppen und »stechen« böse Menschen (im übertragenen Sinne) mit einer Nadel, um sie ebenfalls Schmerz fühlen zu lassen.
Alle diese Rituale haben den gleichen Ursprung: Wir alle möchten, dass uns andere mit Respekt und Freundlichkeit begegnen. Und doch gilt das Sprichwort »Was du nicht willst, das man dir tu, das füg' auch keinem andern zu« leider nicht immer und überall. Genau deshalb bleibt einem nichts anderes übrig, als sich ein dickeres Fell zuzulegen und sich im verbalen Schlagabtausch zu üben. Sie werden sehen, dass Sie mit zunehmender Übung und mit wachsendem Selbstbewusstsein immer seltener Opfer verbaler Attacken werden. Doch tun Sie mir bitte den Gefallen und vergessen Sie nicht, dass Retourkutschen auch solche bleiben sollten. Nutzen Sie Ihre neu gewonnene sprachliche Kreativität nur dazu, um sich zur Wehr zu setzen, und nicht, um andere das Fürchten zu lehren. Die Qualität der Sprache ist Sinnbild der Gesellschaft: Tragen wir alle unseren Teil dazu bei!

Carolin Lüdemann

Literaturverzeichnis

Baum, Tanja: *Konfliktmanagement für Frauen*. Redline Wirtschaft 2008

Becker, Irene: *Endlich Rose statt Mimose*. Campus 2007

Becker, Irene: *Everybody's Darling, Everybody's Depp*. Campus 2005

Berckhan, Barbara: *Einfach selbstsicher!* GU 2007

Berckhan, Barbara: *Judo mit Worten*. Kösel 2008

Berckhan, Barbara: *So bin ich unverwundbar*. Kösel 2000

Bredemeier, Karsten: *Provokante Rhetorik? Schlagfertigkeit!* Mosaik 2000

Glass, Lillian: *Sie sind durchschaut!* Mosaik 2008

Gray, John: *Mars & Venus im Büro*. Goldmann 2003

Harris, Thomas A.: *Ich bin o.k., du bist o.k.* rororo 1992

Kellner, Hedwig: *Rhetorik: Hart verhandeln, erfolgreich argumentieren*. Hanser 2000

Lüdemann, Carolin: *Schlagfertigkeit für Frauen*. Redline Wirtschaft 2007

Müller, Meike: *Lizenz zum Kontern*. Eichborn 2008

Oppermann, Katrin, und Weber, Erika: *Frauensprache – Männersprache*. Redline Wirtschaft 2008

Pease, Allan und Barbara: *Warum Männer nicht zuhören und Frauen schlecht einparken*. Ullstein 2005

Pöhm, Matthias: *Das NonPlusUltra der Schlagfertigkeit*. mvg Verlag 2002

Pöhm, Matthias: *Frauen kontern besser*. mvg Verlag 2006

Ruhleder, Rolf H. *Ruhleders Sprüche und Zitate*. Gabal 2004

Ryborz, Heinz: *Geschickt kontern: Nie mehr sprachlos!* Fit for Business 2003

Schulz von Thun, Friedemann: *Miteinander reden, Band 1*. rororo 1981

Thiele, Albert: *Argumentieren unter Stress*. Frankfurter Allgemeine Buch 2005

Topf, Cornelia: *Rhetorik für freche Frauen*. Redline Wirtschaft 2005

Wardetzki, Bärbel: *Ohrfeige für die Seele*. dtv 2004

Über die Autorin

Carolin Lüdemann ist Juristin und ausgebildeter Business-Coach. Ihre Vorträge und Seminare – praxisnah, lebendig und durch namhafte Referenzen ausgezeichnet – sind regelmäßig ausgebucht und unterstützen den Einzelnen dabei, die Wirkung auf seine Mitmenschen signifikant zu erhöhen. Carolin Lüdemann ist Mitglied des renommierten deutschen Knigge-Rats und spricht Empfehlungen für das stilgerechte und zeitgemäße Miteinander aus. Als Karriereexpertin bei den TV-Sendern N24 und Sat.1 sowie anderer namhafter Medien wie beispielsweise SWR Funk und Fernsehen, Süddeutsche Zeitung und Welt ist sie regelmäßig für eine breite Öffentlichkeit präsent. An ihren Trainings nehmen Top-Manager sowie High Potentials aus Industrie, Beratung und Verbänden teil.

Weitere Informationen unter www.carolin-luedemann.de

Stichwortverzeichnis